4차산업혁명시대

스마트팩토리 구현을 위한
디지털 트윈

PART I
NX-MCD를 활용한
가상 시스템과 시제품 제작

김진광 지음

光 文 閣
www.kwangmoonkag.co.kr

머리말

4차 산업혁명 시대의 국내외 제조 기업들은 치열한 시장 경쟁 상황 속에서 스마트팩토리 구현을 위해 제품의 기획과 설계부터 생산·유통·판매 및 사후관리까지 모든 가치사슬에 대해 광범위한 디지털화를 추진하고 있다.

디지털 공장으로의 전환 과정에서 스마트팩토리를 도입하려는 움직임이 빠르게 확산하고 있으며, 스마트 제조 시스템의 구축 효과를 극대화하기 위한 주요 기술로서 디지털 트윈(digital twin)이 주목받고 있다.

디지털 트윈은 현실의 물리적 세계(Physical World)를 사이버 공간의 디지털 세계(Digital World)로 복제하고, 물리적 대상과 이를 모사한 디지털 대상을 실시간으로 동기화하는 것을 말한다. 이러한 가상 시스템의 과거와 현재의 정보로 다양한 목적에 따라 현실 물리 시스템의 상황을 분석하고 예측할 수 있다. 이처럼 물리적 대상을 최적화하기 위한 지능형 기술로 제조업 분야에서는 스마트팩토리의 구축을 위한 핵심 기술로 인식되고 있다.

이러한 디지털 트윈의 개념을 빔-엔진 장치라는 소형 자동화 시스템을 제작하는 프로젝트 실습 과정을 통해 학생들이 조금 더 쉽게 이해할 수 있도록 본 교재를 구성하였다. 본 교재의 실습 내용은 Part I과 Part II로 나누어 진행된다.

먼저 현실 세계의 물리 시스템을 사이버 공간의 가상 시스템으로 복제하기 위한 디지털 트윈의 1단계 기술을 본 교재의 제1권 Part I에서 실습하게 된다.

Part I에서의 실습 내용은 다음과 같다.

제1장에서는 스마트팩토리 구축을 위한 핵심 기술로 주목받고 있는 "디지털 트윈 개요"를 서술한다.

제2장에서는 빔-엔진 장치에 대한 디지털 트윈의 가상 시스템을 구축하기 위한 각 구성 부품을 Siemens NX로 모델링하고, 가상공간에서 조립하여 디지털 모델을 완성하는 과정을 다룬다.

제3장에서는 가상의 디지털 공간에서 자동화 기기의 운전 상태를 검토하고, 성능을 평가하기 위한 메카트로닉스 시뮬레이션을 지멘스 NX-MCD로 수행하는 방법에 관해 학습한다.

이러한 시뮬레이션 기술에 기초하여 2장에서 완성한 빔-엔진 장치의 디지털 모델을 현실 세계의 물리 시스템과 동일하게 제어할 수 있도록 디지털 트윈의 가상 시스템을 완성한다.

제4장에서는 빔-엔진 장치에 대한 가상 시스템의 3D CAD 모델과 3D 프린터를 활용하여 빔-엔진 장치의 구성 부품들을 출력하고, 체결용 기계요소들로 조립하여 기계 구조부의 시제품 제작을 완성한다.

그리고 본 교재의 제2권인 Part II에서는 제1권의 Part I에서 제작한 디지털 세계의 가상 시스템과 Part II의 실습 과정에서 제작하게 될 현실 세계의 물리 시스템 간의 네트워크 연결을 통해 데이터 수집, 제어 및 모니터링을 위한 디지털 트윈의 기술 수준 2단계까지를 실습하게 된다.

Part II에서의 실습 내용은 다음과 같다.

Part I의 제1장 "디지털 트윈 개요"를 Part II에서도 소개하여 Part II부터 학습하는 학생들에게 "디지털 트윈의 개념"을 이해할 수 있도록 구성한다.

제2장에서는 SIMATIC S7-1200 CPU의 지멘스 PLC와 eXP20의 LS산전 HMI 및 Part I에서 제작한 빔-엔진 장치의 시제품에 장착된 액추에이터와 센서를 전기적으로 연결하는 배선 작업을 실습한다. 그리고 이들을 네트워크로 연결하는 기술을 학습한다.

또한, 지멘스의 통합 자동화 플랫폼인 TIA Portal의 래더 프로그램 작성 방법과 LS산전의 XP-Builder의 작화 프로그램 사용법을 배우게 된다.

이처럼 디지털 트윈의 현실 물리 세계의 자동화 시스템 구축을 위한 요소 기술들을 습득하여 빔-엔진 장치의 설계 요구 조건에 합당한 물리 시스템의 제작을 완성한다.

제3장에서는 Part II의 실습 과정에서 완성된 빔-엔진 자동화 장치의 현실 물리시스템과 Part I에서 실습한 빔-엔진 장치에 대한 사이버 공간의 가상 시스템을 OPC-UA 통신 프로토콜로 연결하는 기술 내용을 실습으로 배우게 된다.

이처럼 프로젝트 실습으로 구성된 본 교재를 학습한 학생들이 스마트팩토리의 핵심 기술로 주목받고 있는 디지털 트윈 기술을 이해하는 데 조금이나마 도움이 될 수 있길 바라며 이 책을 마무리한다.

지은이 김진광

목차

Chapter 01. 디지털 트윈(Digital Twin) 개요   9

Chapter 02. 디지털 모델 제작   29

Chapter 04. 시제품 제작

Chapter 01

디지털 트윈 개요
(Digital Twin)

DIGITAL TWIN

01 디지털 트윈(Digital Twin)이란?

1.1 디지털 트윈 개념

현재 전 세계는 디지털 변혁이 급격히 진행되고 있으며, 정보화 사회를 지나서 4차 산업혁명의 와중에 있다. 특히 제조업 분야는 치열한 시장 경쟁 상황 속에서 개인 맞춤형 제작 수요와 신제품의 시장 출시 기간 단축 및 제조설비의 생산성 증대에 대한 압박이 점점 더 거세지고 있다.

따라서 많은 제조 기업이 스마트팩토리 구현을 위해 제품의 기획과 설계부터 생산·유통·판매 및 사후관리까지 모든 가치사슬에 대해 광범위한 디지털화를 추진하고 있다.

이러한 디지털 공장으로의 전환 과정에서 생산 설비의 각종 데이터를 포착하고 분석하기 위해 많은 종류의 스마트 센서들이 활용된다. 또한, 사물인터넷(IoT: Internet of Things), 빅데이터, 인공지능과 같은 첨단 디지털 기술들이 적용되면서 스마트팩토리 관련 산업 분야가 고성장을 지속할 것으로 예상한다.[1]

이처럼 산업 현장에서 스마트팩토리를 도입하려는 움직임이 빠르게 확산하고 있으며, 스마트 제조 시스템의 구축 효과를 극대화하기 위한 주요 기술로서 디지털 트윈(digital twin)이 주목받고 있다.[1]

디지털 트윈은 트윈의 사전적 의미인 쌍둥이라는 뜻에서 알 수 있듯이 현실의 물리적 세계(Physical World)를 사이버 공간의 디지털 세계(Digital World)로 복제한 것으로 보면 된다.

이러한 디지털 트윈은 제품의 설계 내용을 생산에 적용하기 전에 가상의 사이버 공간에서 실제 제품과 똑같이 모사한 시뮬레이션으로로부터 최적의 설계안을 도출함으로써 값비싼 시제품 제작과 성능 평가에 드는 비용과 시간을 최소화하는 데 이용되고 있다.

그리고 가상의 디지털 환경에서 실제 물리 공간과 동일하게 구현된 시뮬레이터를 사용하여 간접적으로 실제 운영에 대한 사용법, 운영 절차, 정비 요령 등이 숙달될 수 있도록 교육 및 훈련 목적으로도 사용되고 있다.

이처럼 디지털 트윈은 완전히 새로운 개념은 아니다. 이미 항공, 우주, 건설, 의료, 에너지, 국방, 보안, 스마트시티 등 전 산업 분야에서 시행착오로 인한 비용과 시간을 줄이기 위한 대표적 수단으로 광범위하게 활용되고 있다.

[그림 1-1] 디지털 트윈 개념도 (출처: Siemens)

1.2 디지털 트윈과 사이버 물리 시스템

이러한 디지털 트윈 기술이 IoT와 5G 등 첨단 정보통신기술(ICT: Information & Communication Technology)의 발달로 사이버 물리 시스템(CPS: Cyber Physical System)과 융합되면서 제조 혁신의 스마트팩토리 구현을 위해 그 활용성이 점차 확대되고 있다.

제조업 관점에서 CPS는 자동화 생산설비를 대상으로 한 실제 물리 시스템과 사이버 요소인 산업용 사물인터넷(IIoT: Industrial IoT)에 기반을 둔 디지털 공간의 가상 시스템이 결합한 통합 시스템을 말한다.

가상 시스템은 디지털 공간에서 생성된 데이터를 관리하고 분석하는 가상의 환경을 뜻하고, 물리 시스템은 시간의 흐름 속에서 운용되며 물리 법칙에 따라 지배를 받는 현실 세계를 말한다.

예를 들어 가상의 디지털 공간에서 설비의 이상 유무에 대한 예측 판단 혹은 설비의 예지 정비와 같은 중요한 의사결정이 CPS의 물리적 생산 시스템에 전달됨으로써 실제 물리계의 생산설비가 제어될 수 있다. 이러한 결과는 다시 디지털 공간의 가상시스템으로 재전송되어 양방향으로 물리 시스템과 가상 시스템이 상호작용하면서 자율적으로 최적의 운용 상태를 도출할 수 있다.[7]

이처럼 스마트팩토리 구현을 위한 디지털 트윈은 가상 공간상의 제어 요소가 현실 세상의 물리 시스템과 연결돼 동작하는 포괄적 의미의 시스템으로 인용되는 CPS의 고급형 기술 유형으로 간주한다.

디지털 트윈은 단순한 복제의 차원을 넘어서 물리적 대상과 이를 모사한 디지털 대상을 실시간으로 동기화하고, 과거와 현재의 정보로 다양한 목적에 따라 상황을 분석하고 예측할 수 있다. 이처럼 물리적 대상을 최적화하기 위한 지능형 기술로 제조업 분야에서는 스마트팩토리를 위한 핵심 기술로 인식되고 있다.[8]

디지털 트윈을 구현하기 위한 기술 단계는 가트너(Gartner)에서 제안한 3단계 모델이 많이 인용된다.[9]

[그림 1-2]를 보면 1단계는 현실 세계의 물리 시스템을 사이버 공간의 가상 시스템으로 복제하는 단계이다. 즉 3D CAD(Computer Aided Design)의 디지털 모델을 완성하고, 물리 세계의 생산설비와 똑같이 가상 세계의 설비에 대한 사전 시뮬레이션이 완성된 단계이다.

2단계는 현실 세계의 물리 시스템과 사이버상의 가상 시스템을 IIoT로 연결해 실시간으로 모니터링하는 단계이다. 물리 시스템에 장착된 센서가 취득한 데이터가 사이버 공간상의 가상 시스템에 반영되는 단계로 물리 시스템과 가상 시스템이 1대 1로 연결되어 서로 간에 경험하는 것이 같아지는 단계이다.

그리고 3단계에서는 모니터링으로 축적된 데이터들을 분석하고, 가상 시스템의 시뮬레이션을 통해 예측한 결과들을 현실 세계의 물리 시스템에 반영하는 최적화 단계이다.

본 교과에서는 레버-크랭크 메커니즘으로 제작된 빔-엔진 장치를 활용하여 2단계까지의 디지털 트윈 구현 기술을 Part I과 Part II로 나누어서 학습하도록 구성하였다.

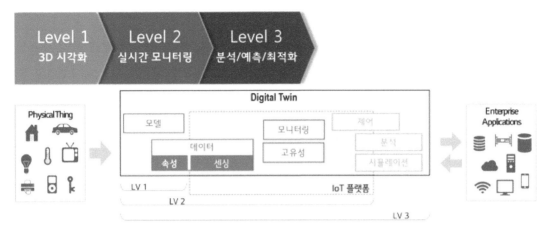

[그림 1-2] 디지털 트윈의 구현 레벨

(출처: Gartner, Use the IoT Platform Reference Model to Plan Your IoT business solutions, '16.09.17, https://blog.lgcns.com/1864)

1.3 디지털 트윈을 활용한 스마트팩토리 구현

디지털 트윈을 활용한 스마트팩토리 구현의 예시로 자동화 라인을 설치하기 전에 그리고 시범 운전을 위한 시제품을 제작하기 전에 설비의 기계 구조와 제어 시스템에 관한 설계 문제점들을 디지털 공간에서 예측해 볼 수 있다. 이러한 예측 결과로부터 생산라인 제작에 투입되는 비용과 시간을 효과적으로 줄일 수 있다.

예를 들어 3D CAD 모델로 이루어진 가상의 디지털 설비에 제어기인 PLC(Programmable Logic Controller)와 HMI(Human Machine Interface)를 네트워크로 연결하여 실제 운영에 필요한 사항들을 점검해 볼 수 있다.

이처럼 디지털 트윈 환경에 실제 자원을 투입하여 실제 제품을 생산하기에 앞서, 가상 시운전으로 자동화 제어 시스템의 문제점들을 조기에 파악하고 해결함으로써 제어 시스템의 논리 연산이나 시퀀스 제어의 문제점들을 사전에 최소화할 수 있다.

그리고 디지털 트윈이 구현하는 모니터링 시스템은 유지보수팀의 엔지니어들 간 소통과 협업 등의 업무 수행 방식에 혁신을 이룰 수 있다.

첫째로 현실 세계의 실제 물리 시스템과 디지털 공간의 가상 시스템이 실시간으로 연동되어 생산라인의 각 설비에 설치된 스마트 센서들이 지속적으로 데이터를 수집하고 공유함에 따라 디지털 트윈은 모든 데이터를 시각화할 수 있다.

따라서 자동화 생산라인이 가동 중에 이상 신호가 감지되면, 그 즉시 고장 장비와 부품을 모니터링 시스템에 표시해 주고, 그 고장 모드를 예측하여 해결 방안까지 엔지니어에게 알려줌으로써 생산 공정을 최적화하고 설비의 가동 중단을 최소화할 수 있다.

이러한 디지털 트윈의 모니터링 시스템으로 제조설비의 고장이 언제 어떻게 발생할지를 사전에 예측 가능하다면 유지보수 일정을 계획하거나 필요한 부품 교체 시점을 사전에 수행할 수 있으므로 생산라인의 유지관리 측면에서 많은 이득이 있을 수 있다.

둘째로 가동이 중단되면 엔지니어는 증강현실(AR: Augmented Reality) 환경에서 현실 세계의 물리적 부품과 디지털 공간의 가상 부품을 결합하여 유지보수에 따른 생산설비의 동작 성능 등을 실시간으로 검증할 수 있다. 따라서 유지보수 작업에 드는 비용과 시간을 최소화할 수 있을 것이다.

셋째로 라인 증설 또는 신규 라인의 설치 및 배치가 완료되기 전에 작업자를 대상으로 한 가상의 생산설비 운영 교육을 디지털 트윈의 시뮬레이터로 시행할 수 있다.

이러한 가상 교육은 물리적으로 재현하기 어려운 극한의 상황과 장애를 시뮬레이션할 수 있음으로 작업자는 현장 교육에서보다 더 다양한 사고에 대한 대비 훈련을 받을 수 있고, 이른 시간 안에 그 사용법을 숙지할 수 있다.

글로벌 기업들의 스마트팩토리 구현을 위한 디지털 트윈의 활용 사례들을 살펴보자.

- 미국의 제너럴일렉트릭(GE: General Electric)은 2016년 세계 최초의 산업용 클라우드 기반 오픈 플랫폼인 '프레딕스(Predix)'를 발표하였다.[10] 프레딕스는 GE가 제조·판매하는 장비에 센서를 장착하여 IoT로 연결해 데이터를 수집·분석하고, 디지털 트윈으로 구현하여 가상의 모니터링을 통해 물리 시스템의 제어가 가능한 서비스를 제공하였다.
- 프랑스의 다쏘시스템(Dassault Systems)은 단일 플랫폼 기반의 "3D 익스피리언스(3D EXPERIENCE)"라는 클라우드 기반 비즈니스 플랫폼을 제공하고 있다.[11] 3D 익스피리언

스는 현실 세계에서 존재하거나 존재할 수 있는 제품, 시스템, 시설 또는 환경을 표현하며, 제품 생애주기의 모든 단계에서 동적 3D 모델을 기반하여 제품과 프로세스, 제조설비, 운영 등에 관한 가상 시뮬레이션을 제공한다.

- 미국의 앤시스(Ansys)는 "트윈 빌더(Twin Builder)"로 다중 물리 시스템의 디지털 트윈 모델을 시스템 레벨의 단일 워크 플로(Work Flow) 안에서 수행할 수 있도록 지원하여 설계·품질·생산 등에 관한 시스템을 빠르게 구축, 검증하고 설치할 수 있도록 다양한 시뮬레이션 기능들을 제공한다.

- 독일의 지멘스(Siemens)는 클라우드 기반 개방형 IoT 운영 시스템을 발표하여 제조업 측면에서 혁신의 수단으로 디지털 트윈의 활용 사례를 보였다. 특히 제품의 기획·설계, 생산의 계획·엔지니어링, 생산·제조, 유통·판매, 서비스에 이르는 전 제조 과정을 통합한 전사적 통합 자동화(TIA: Totally Integrated Automation) 플랫폼을 통해 스마트팩토리에 대한 전방위적인 기술 지원을 가능하게 하였다.

02 디지털 트윈(Digital Twin) 요소 기술

이러한 디지털 트윈을 구현하기 위한 핵심 요소 기술로는

- 먼저 가상의 디지털 모델을 모사하기 위한 **시뮬레이션 기술**이 필요하다.
- 그리고 사이버 공간의 가상 시스템과 현실 세계의 물리 시스템에 대한 **산업용 기기 간의 연결 기술**이 요구된다.
- 또한, 제조 공정 단계별로 수집된 빅데이터를 분석하여 실시간 공정 현황으로 시각화할 수 있는 **빅데이터 분석 기술**이 필요하다.
- 여기에 실시간으로 결함이 있는 항목을 감지하고, 이에 대한 조치를 취할 수 있도록 **인공지능 기술**이 추가되면, 디지털 트윈을 통해 스마트팩토리의 최적 운영 방안을 도출할 수 있다.

본 교재에서는 사이버 공간에서 디지털 모델을 모사하기 위한 메카트로닉스 시뮬레이션 기술을 학습하고, 레버-크랭크 메커니즘을 활용한 빔-엔진 장치에 대한 현실 세계의 물리 시스템을 제작한다.
이렇게 제작된 현실 세계의 물리 시스템과 디지털 세계의 가상 시스템 간 연결 기술을 활용하여 디지털트윈 구축을 위한 기술 수준의 2단계까지를 실습한다.

2.1 시뮬레이션 기술

디지털 트윈의 가상 시스템은 사이버 공간에서 실제 자동화 설비와 동일한 디지털 모형을 모사하여 그 성능을 사전에 검증해 볼 수 있는 시뮬레이션 기술을 말한다.

이러한 가상 시스템을 구현하기 위해서는 다음과 같은 선행 기술이 필요하다.

- 먼저, 현실 세계의 자동화 설비를 가상공간에 똑같이 재현하기 위해 3D CAD 모델이 필요하다.
- 그리고 산업 현장에서 생산설비의 조립 시에 발생할 수 있는 부품 간의 간섭 문제 및 체결 요소 간의 조립성 문제 등을 디지털 공간에서 검토해 볼 수 있는 CAD 어셈블리 기술이 요구된다.
- 또한, 디지털 공간에서의 가상 시스템이 현실 세계의 물리 시스템과 쌍둥이처럼 구동될 수 있도록 재현하는 해석 기술이 필요하다. 즉 설비의 구성 요소 부품 간의 체결 상태 및 구속 상태를 [그림 1-3]의 산업용 로봇 사례처럼 모사할 수 있는 메카트로닉스 시뮬레이션 기술이 요구된다.

이러한 기술로 실제 현실 세계의 자동화 시스템에 대한 요구 성능 및 설계 목표치를 가상의 사이버 공간상에서 예측함으로써 자동화 설비의 개발 프로세스의 속도를 가속화하고, 제조설비의 설치 기간을 단축하며, 그 비용을 최소화함으로써 경쟁사 대비 우위의 경쟁력을 갖도록 한다.

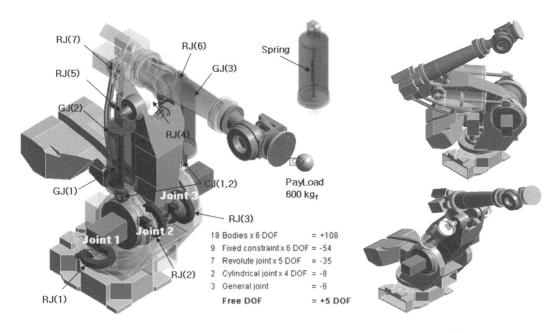

[그림 1-3] 자동화 시스템의 체결 상태 및 구속 상태와 구동 시뮬레이션 예

2.2 기계 구조부 제작 및 운영 기술

앞서 언급된 디지털 공간의 가상 시스템으로부터 자동화 생산설비에 관한 설계 검증이 완료되면, 자동화 시스템의 운전 상태를 실시간으로 감지하고, 그 상태를 진단하기 위한 센서를 선정하고, 설계 목표에 부합한 회전운동과 직선운동이 묘사될 수 있도록 액추에이터를 결정한다.

그다음으로는 가상 시스템의 구성 부품인 3D CAD 모델을 3D 프린터로 출력한다. 그리고 체결용 기계요소로 부품 간의 조립 과정을 거쳐 센서와 액추에이터들이 모두 장착된 현실 세계의 물리 시스템에 대한 시제품을 제작한다.

이러한 시제품 제작 과정에서 산업 현장 실무에서 부딪치게 될 다양한 문제들을 사전에 경험할 수 있도록 유도하고, 또한 그 해결 능력이 배양될 수 있도록 한다.

또한, [그림 1-4]의 공장 자동화 생산설비에 대한 현실 세계의 물리 시스템을 제어하기 위해 센서 혹은 스위치 등으로부터 입력 신호 데이터들을 받아들이고, 연산 처리 과정을 거쳐 설계 의도대로 액추에이터들을 순차적으로 작동시킬 수 있는 PLC 제어와 HMI의 모니터링에 관해 학습한다.

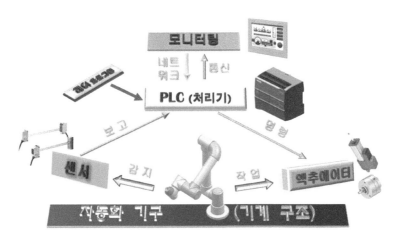

[그림 1-4] 공장 자동화 생산설비

2.3 산업용 기기 간 연결 기술

산업 현장에서 기계나 장비, 통신 신호 간 호환성을 해결해 안정적인 연결을 도와줄 OPC-UA 기술에 기반하여 IIoT 표준에 맞게 이종 기기 간 상호 데이터 호환 및 제어를 할 수 있는 스마트 제조 시스템 구축을 위한 융합 기술을 배운다.

사이버 공간의 가상 시스템과 현실 세계의 물리 시스템 간 데이터 호환을 통해 물리 세계와 가상 세계 간의 동기화 및 상호작용 장치를 구축할 수 있는 디지털 트윈 기술을 실습한다.

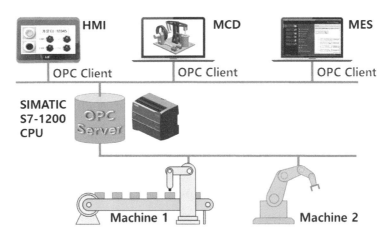

[그림 1-5] 산업용 기기 간 연결 기술

03 실습 순서

본 교과에서는 레버-크랭크 메커니즘을 활용한 빔-엔진 장치라는 소형 자동화 시스템을 제작하는 프로젝트 실습 과정을 통해 디지털 트윈을 구현하기 위한 관련 기술들을 Part I과 Part II로 나누어서 학습하도록 구성하였다.

Part I - 디지털 공간의 가상 시스템과 시제품 제작

- 지멘스 NX-MCD를 활용하여 빔-엔진 장치에 대한 가상의 디지털 모델을 구축하는 과정을 학습한다. 이러한 과정을 통해 디지털 트윈을 구현하는 데 필요한 1단계 기술인 가상 시스템을 제작할 수 있는 능력을 배양한다.
- 가상 시스템의 3D CAD 모델과 3D 프린터로 빔-엔진 장치의 구성 부품을 출력하고 조립하는 시제품 제작 과정을 실습한다.

Part II - 현실 세계의 물리 시스템과 OPC UA 통신

- 산업 현장에서 널리 사용되고 있는 SIMATIC S7-1200 CPU의 지멘스 PLC와 eXP20의 LS산전 HMI 사용법을 학습한다.
- PLC와 HMI를 활용하여 Part I에서 시제품으로 제작한 빔-엔진 장치의 기계 구조부에 장착된 액추에이터와 센서를 제어하고 모니터링하는 과정을 실습한다.
- Part II의 실습 과정에서 완성된 빔-엔진 자동화 장치의 현실 세계에 대한 물리 시스템과 Part I에서 완성한 빔-엔진 장치에 대한 사이버 공간의 가상 시스템을 OPC-UA 통신 프로

토콜로 연결하는 기술을 배운다.

이처럼 본 교과 과정을 통해 제1권의 Part I에서 제작한 디지털 세계의 가상 시스템과 제2권의 Part II에서 제작한 현실 세계의 물리 시스템 간의 네트워크 연결을 통해 데이터 수집·제어 및 모니터링을 위한 디지털 트윈의 기술 수준 2단계까지를 학습하게 된다.

3.1 Part I - 디지털 공간의 가상 시스템과 시제품 제작

3.1.1 디지털 모델 제작

Step 명: 디지털 모델 제작
수업 목표:
- 프로젝트의 요구 성능 목표를 달성하기 위한 동력 전달 요소를 설계할 수 있다.
- 주어진 빔-엔진 장치의 2D 도면을 해독하고, 3D CAD 모델을 제작할 수 있다.
- 3D CAD 모델을 어셈블리하여 디지털 장치를 완성할 수 있다.

주요 장비: 작업 테이블, Siemens NX 소프트웨어, 컴퓨터, 2D 도면 …. etc.
주재료: 버니어 캘리퍼스, 줄자, 스틸자…. etc.
안전 및 유의 사항:
- 실습 시 사용 기구에 대한 취급 방법을 숙지한 후 사용한다.
- 컴퓨터에 새로운 운영 체제를 설치하거나 업그레이드할 때 중요한 데이터는 반드시 백업해 두도록 한다.
- 불법 소프트웨어를 사용하지 않는다.
- 실습 중에는 불필요하게 이동하거나 장난치지 않는다.
- 실습 후에는 컴퓨터의 전원을 OFF 한다.

최종 결과물 (예시)

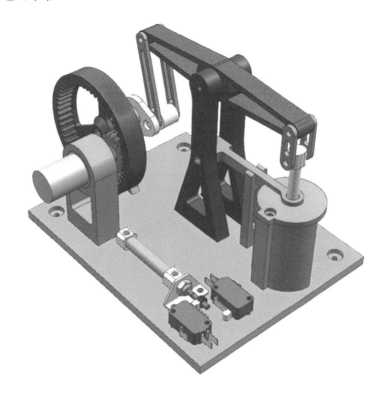

3.1.2 메카트로닉스 시뮬레이션

Step 명: 메카트로닉스 시뮬레이션

수업 목표:

- 자동화 기구의 운전 특성 평가를 위한 시뮬레이션 방법과 특징을 이해할 수 있다.

- 시뮬레이션 관련 용어(조인트 요소, 댐퍼, 하중, 토크, 접촉 등)를 이해할 수 있다.

- 메카트로닉스 시뮬레이션을 수행할 수 있고, 해석 결괏값을 분석할 수 있다.

주요 장비: Siemens NX 소프트웨어, 컴퓨터⋯ etc.

주재료: 버니어 캘리퍼스, 줄자, 스틸자⋯. etc.

안전 및 유의사항:

- 실습 시 사용 기구에 대한 취급 방법을 숙지한 후 사용한다.

- 컴퓨터에 새로운 운영 체제를 설치하거나 업그레이드할 때 중요한 데이터는 반드시 백업해 두도록 한다.
- 불법 소프트웨어를 사용하지 않는다.
- 실습 중에는 불필요하게 이동하거나 장난치지 않는다.
- 실습 후에는 컴퓨터의 전원을 OFF 한다.

최종 결과물 (예시)

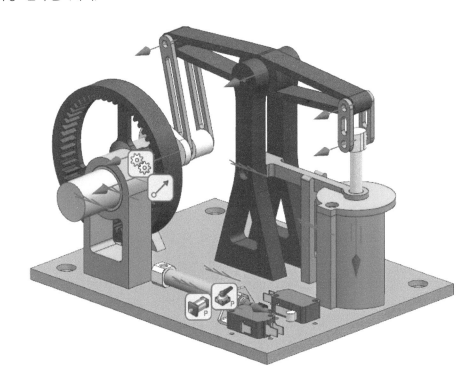

3.1.3 시제품 제작

Step 명: 시제품 제작

수업 목표:
- 3D 프린팅의 개념을 이해하고, 유망 분야 및 적용 기술을 이해한다.
- 3D 프린터 슬라이싱 소프트웨어를 활용할 수 있다.

- 3D 프린터로 빔-엔진 장치의 구성 부품들을 출력할 수 있다.
- 빔-엔진 장치의 기계 구조부 조립을 완성한다.

주요 장비: 작업 테이블, 3D 프린터, 컴퓨터, 3D 프린터 소프트웨어… etc.

주재료: 필라멘트, USB, 기계 체결용 볼트/너트, 버니어 캘리퍼스, 3D 프린팅 후가공 줄….
        etc.

안전 및 유의 사항:
- 실습 시 사용 기구에 대한 취급 방법을 숙지한 후 사용한다.
- 3D 프린터 작동 중에는 구동부에 손을 대지 않는다.
- 3D 프린터의 수평을 확인한다.
- 실습 중에는 불필요하게 이동하거나 장난치지 않는다.
- 3D 프린팅 후가공 도구 사용 시에 주의한다.

최종 결과물 (예시)

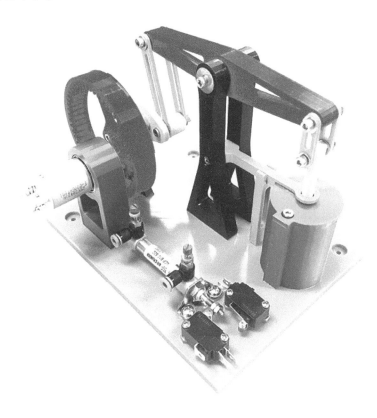

3.2 Part II - 현실 세계의 물리 시스템과 OPC UA 통신

3.2.1 PLC 제어와 HMI 모니터링

Step 명: PLC 제어와 HMI 모니터링

수업 목표:

 - 자동화 시스템의 센서 및 제어 요소 장치들과 PLC를 결선할 수 있다.
 - 지멘스의 통합 자동화 플랫폼 TIA Portal의 래더 프로그램 작성 방법을 이해한다.
 - SIMATIC S7-1200 CPU의 PLC를 사용하여 빔-엔진 장치를 제어할 수 있다.
 - HMI 장치의 구동 방식을 이해하고 작화 프로그램을 사용할 수 있다.
 - HMI_PC 통신 및 HMI_PLC 통신 환경을 설정할 수 있다.

주요 장비: 작업 테이블, PLC, 컴퓨터, Siemens TIA Portal 소프트웨어, 스위칭 허브, XP-Builder 소프트웨어, LS eXP20 HMI, 랜 케이블… etc.

주재료: 전선, USB…. etc.

안전 및 유의 사항:

 - 실습 시 사용 기구에 대한 취급 방법을 숙지한 후 사용한다.
 - 실습 장비 전원 전압을 확인하여 조건에 맞는 전원을 인가한다.
 - 실습 시 사용 장비에 대한 취급 방법을 숙지한 후 사용한다.
 - 실습 중에는 불필요하게 이동하거나 장난치지 않는다.
 - 실습 후에는 컴퓨터와 PLC의 전원을 OFF 한다.
 - 전기 감전 사고에 주의한다.

최종 결과물 (예시)

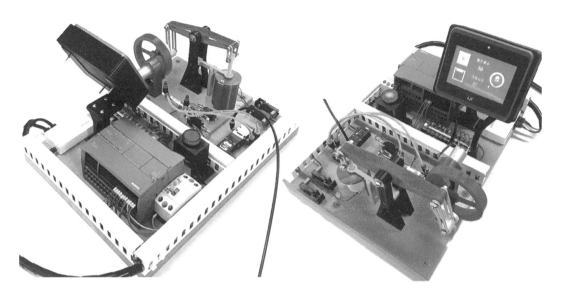

3.2.2 디지털 트윈 구성 실습

Step 명: 빔-엔진 장치의 디지털 트윈 구성 실습

수업 목표:

- OPC 정의와 사용 목적을 이해한다.
- OPC UA의 사용 방법을 숙지한다.
- OPC UA로 디지털 트윈의 가상 시스템과 물리 시스템을 서로 연결할 수 있다.

주요 장비: 작업 테이블, PLC, 컴퓨터, 스위칭 허브, LS eXP20 HMI, 랜 케이블… etc.

주재료: 전선, USB…. etc.

안전 및 유의사항:

- 실습 시 사용 기구에 대한 취급 방법을 숙지한 후 사용한다.
- 실습 시 사용 장비에 대한 취급 방법을 숙지한 후 사용한다.
- 실습 중에는 불필요하게 이동하거나 장난치지 않는다.
- 실습 후에는 컴퓨터와 PLC와 HMI의 전원을 OFF 한다.

- 전기 감전 사고에 주의한다.

최종 결과물 (예시)

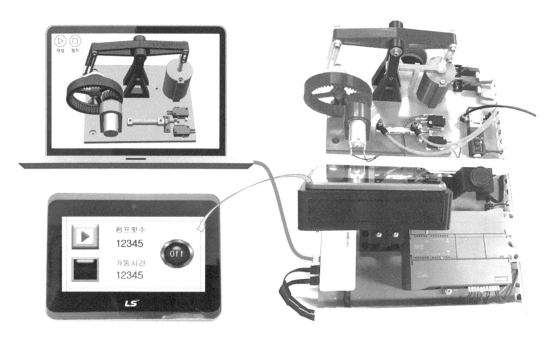

디지털 모델 제작

01 빔-엔진(Beam-Engine) 장치 구조 설계

1.1 자동화 기구의 이해

자동화 시스템의 설계는 기계 구조와 관련된 지식만으로 수행하기가 어렵고, 유공압 지식과 전기전자 등의 종합적인 공학 기술에 의해서만 이루어질 수 있다. 따라서 자동화 시스템을 설계할 경우, 먼저 목적하는 자동화 장치에 가장 적합한 ① 기구(Mechanism)를 선정하고, 그 동작을 이루기 위한 ② 동력원을 결정한 다음, 그 양자를 연결하는 ③ 동력 전달 기구와 그것을 제어하는 ④ 제어회로를 선정하는 것이 일반적이다.

먼저 [그림 2-1]과 같은 레버-크랭크 메커니즘을 활용한 빔-엔진 장치에 대해 피스톤의 분당 반복 횟수에 관한 설계 목푯값을 결정하여야 한다. 또한, 자동화 시스템의 동력원으로 DC 모터를 채택하고, 기계 구조부와 전기모터 간의 동력 전달용 기계요소로는 기어를 활용한다. 그리고 공압 실린더를 장착하여 빔-엔지 장치의 피스톤 왕복운동과 동일한 사이클로 실린더의 전·후진 동작이 제어될 수 있도록 시스템을 구성하는 것을 목표로 한다.

이러한 기본 계획으로부터 요구 성능에 부합한 자동화 장치의 기계 구조를 설계하고, 3D CAD 모델을 활용한 가상의 시뮬레이션을 통해 설계를 검증한다. 시뮬레이션으로부터 설계 타당성이 확보되면, 디지털 모델의 구성 부품을 3D 프린터로 제작하고, 조립 과정을 거쳐 빔-엔진 장치의 기계 구조부에 대한 시제품 제작을 완성한다. 그리고 빔-엔진 시스템의 분당 반복 횟수와 공압 실린더의 동작을 제어하기 위한 제어회로를 구성하여 현실 세계의 물리 시스템을 완성한다.

이러한 빔-엔진 장치의 기계 구조부에 대한 시제품을 제작하는 데 필요한 사전 지식으로 우선 레버-크랭크 메커니즘에 대한 이해가 있어야 하고, 기어를 설계할 수 있는 능력이 필요하며, 3D 프린터의 활용 기술이 요구된다.

[그림 2-1] 빔-엔진 장치 (출처: www.chilternmodelstem.co.uk)

1.1.1 기구 (Mechanism)

변형이 없는 이상적인 물체인 강체에 가해진 힘과 운동의 관계를 다루는 동역학은 강체의 위치, 속도, 가속도와 같은 기하학적 측면만을 다루는 운동학(Kinematics)과 운동을 일으키는 힘까지 함께 기술하는 운동역학(Kinetics)으로 구분된다.

본 절에서는 빔-엔진 장치의 기구와 관련된 경로와 자세 등에 관한 운동학만을 다룬다. [그림 2-2]에 나타낸 링크(Link)는 기구의 기본 구성 단위로 조인트(Joint)를 통하여 다른 링크와 연결되는 절점(Node)을 가진 강체로 가정한다. 그리고 조인트는 이러한 링크와 링크의 절점을 연결하는 관절 요소로 자유로운 운동을 하는 강체를 특정한 움직임만 가능하도록 제한시킨다.

이처럼 링크 장치(Linkage)는 다양한 조인트로 링크들을 서로 연결하여 운동을 제한한 것으로 열린 혹은 닫힌 체인(open or closed chains)을 형성한다. 체인을 이루고 있는 여러 링크 중에서 완전히 구속된 고정 링크가 존재하는 경우를 기하학적 체인(Kinematic chain)이라

한다. 그리고 주어진 입력 운동에 따라서 일정한 출력 운동을 할 수 있도록 상호 연결된 기하학적 체인을 기구라 한다.

[그림 2-3]과 같이 기구에는 닫힌 체인의 폐쇄 기구와 열린 체인의 개방 기구가 있고, 기하학적 체인이 전혀 움직일 수 없다면 이것을 구조물(Structure)이라 한다.

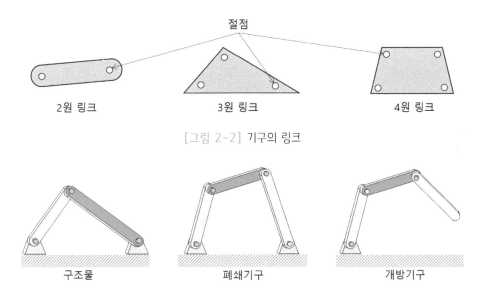

[그림 2-2] 기구의 링크

[그림 2-3] 구조물과 폐쇄 기구 및 개방 기구

1.1.2 자유도(DOF: Degree of Freedom)

자유도란 임의의 시간에 공간상에서 기구의 운동성(Mobility)을 나타낸 것으로 위치를 표현하는 데 필요한 독립변수의 개수이다. 기구에서 자유도가 의미하는 것은 바로 동력의 개수이다. 다시 말하면 설계 의도대로 자동화를 실현하는 데 필요한 모터와 실린더의 수라고 말할 수 있다.

[그림 2-4]에서 공간상의 질점은 3축 방향으로의 병진운동과 3축을 회전 중심축으로 하는 회전운동이 가능하다. 즉 공간상의 질점은 3개의 병진과 3개의 회전이 자유로움으로 총 6-DOF를 가진다. 2차원에서는 2개의 병진운동과 1개의 회전운동이 가능하므로 3-DOF를 갖는다.

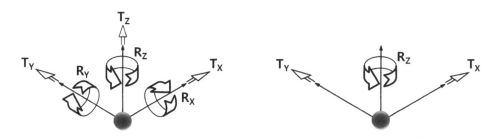

[그림 2-4] 3차원과 2차원 공간상의 질점에 대한 자유도

1.1.3 조인트 (Joint)

조인트는 기구의 기본 구성 단위로 링크 간에 상대운동이 발생하는 관절 요소를 말한다. 두 링크를 연결하는 조인트를 대우(Pair)라고도 하며, 두 링크가 [그림 2-5]에서와 같이 면 접촉에 의한 회전 조인트, 병진 조인트, 실린더 조인트, 면 조인트 및 구 조인트로 연결된 경우를 저차대우(Lower pair)라고 한다. 그리고 레일과 바퀴 및 캠과 같이 선 또는 점 접촉으로 연결된 조인트를 고차대우(Higher pairs)라 한다.

회전 조인트는 z축을 회전 중심축으로 한 Rz 성분만 회전할 수 있고, 나머지 자유도는 모두 구속된다. 병진 조인트는 x축 방향으로의 직선운동만 가능하고 다른 자유도는 모두 구속된다. 실린더 조인트의 경우에는 z축을 기준으로 한 회전운동과 직선운동이 가능하므로 2-DOF의 자유도가 있고, 구 조인트는 3축을 기준으로 회전할 수 있으므로 3-DOF를 갖는다. 면 조인트는 x-y 평면에서 이동이 자유롭고, z축을 기준으로 회전할 수 있으므로 3-DOF의 자유도가 있다. 그리고 캠 조인트는 미끄럼 접촉으로 접선 방향인 x축 방향으로의 병진운동과 접촉 선을 중심축으로 한 회전운동이 가능하다.

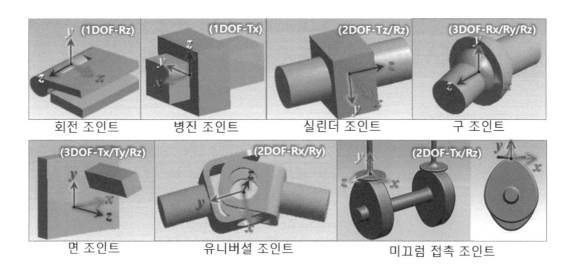

(1DOF-Rz)	(1DOF-Tx)	(2DOF-Tz/Rz)	(3DOF-Rx/Ry/Rz)
회전 조인트	병진 조인트	실린더 조인트	구 조인트
(3DOF-Tx/Ty/Rz)	(2DOF-Rx/Ry)	(2DOF-Tx/Rz)	
면 조인트	유니버셜 조인트	미끄럼 접촉 조인트	

[그림 2-5] 조인트의 종류

1.1.4 크랭크-레버 메커니즘(Crank-Lever Mechanism)

링크 기구는 몇 개의 링크를 조인트로 연결해 구속된 상대운동을 하도록 한 장치로 링크를 조합하는 방법, 구속을 주는 방법 등에 따라서 많은 종류의 운동 상태를 설정할 수 있다. 기계의 각 부분에 대한 동력의 전달, 운동의 전달 등에 널리 사용되며, 거의 모든 기계에 이용된다. 링크 기구의 기초가 되는 것은 [그림 2-6]의 4절 링크 기구이다. 4절 링크 기구에서 가장 짧은 링크를 크랭크(Crank), 고정된 링크를 프레임(Frame)이라 한다.[15, 16]

모터로 구동되는 자동화 기구를 설계할 때 가장 중요하게 고려해야 하는 것이 "회전운동이 가능한가?"이다. 그라쇼프 법칙(Grashof's Law)은 전기모터의 회전축이 연결된 가장 짧은 링크인 크랭크가 완전 1회전을 할 수 있는 조건은 "가장 짧은 크랭크의 길이(L_{min})와 가장 긴 링크 길이(L_{max})와의 합은 나머지 두 링크 길이의 합(L_a+L_b)보다 크지 않아야 한다."라는 것을 만족하여야 한다.[17]

$$L_{max} + L_{min} \leq L_a + L_b \tag{2.1}$$

이러한 식 (2.1)을 만족하는 4절 링크 기구에서 고정 링크인 프레임의 한쪽 절점에 동력원이 장착되면, 이웃하는 2개의 링크 중에서 한쪽은 회전운동을 하는 크랭크가 되고, 다른 쪽은 왕복운동을 하는 레버가 된다. 그리고 크랭크와 레버를 연결하는 운동 링크를 커플러

(Coupler)라 한다. 이렇게 상대운동을 하도록 구속된 4절 링크 기구를 레버-크랭크 메커니즘이라 한다. 회전운동을 왕복운동으로 바꾸고, 또는 그 반대의 운동을 얻고자 할 때 응용된다.

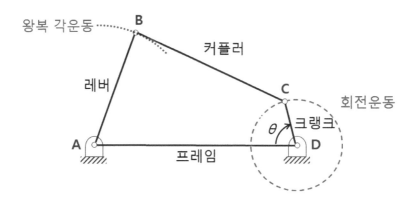

[그림 2-6] 4절 링크기구(레버-크랭크 메커니즘)

1.1.5 운동성(Mobility)

링크 기구의 총자유도 수를 의미하는 운동성은 고정 링크를 제외한 운동 링크의 총자유도에서 각 조인트에 구속된 자유도의 총합을 차감하면 결정된다. 기구학에서 운동성이 바로 동력원의 개수가 된다. 2차원 평면 기구의 자유도 계산을 위한 쿠츠바흐 공식(Kutzbach formula)은 다음과 같다.

$$M = 3(L-1) - 2J_1 - J_2 \qquad (2.2)$$

여기서 M은 운동성이고, L은 링크의 수를 나타내며, 숫자 1은 고정 링크를 의미한다. J_1은 1-DOF를 가지는 조인트 수이고, J_2는 2-DOF를 갖는 조인트 개수를 나타낸다. 식 (2.2)에 의해 계산된 자유도 M값에 따른 해당 기구는 다음과 같이 분류할 수 있다.

$M > 0$	운동 가능	기구
$M = 0$	운동 불가능	구조물
$M < 0$	운동 불가능	부정정계 구조물

(2.3)

[그림 2-3]의 구조물과 폐쇄 기구 및 개방 기구를 2차원 평면 체인이라고 가정하면 구조물의 경우에는 [그림 2-7]에서와 같이 링크 수(L)는 3이고, 3개의 회전 조인트로 연결되어 있으므로 1-DOF 조인트 수(J_1)는 3이며, 2-DOF 조인트 수(J_2)는 0이므로 운동성 $M=0$인 운동이 불가능한 구조물이 된다.

그리고 폐쇄 기구의 경우에는 링크 개수 $L=4$이고, 1-DOF의 조인트 수 $J_1=4$, 2-DOF의 조인트 수 $J_2=0$이므로 운동성 $M=1$이 된다. 따라서 1개의 조인트에만 회전 동력이 입력될 수 있다.

개방 기구의 경우는 링크 개수 $L=4$, 1-DOF의 조인트 수 $J_1=3$, 2-DOF의 조인트 수 $J_2=0$이므로 운동성 $M=3$이다. 따라서 3개의 각 관절에 동력원이 장착되어야만 원하는 운동 상태를 구현할 수 있다.

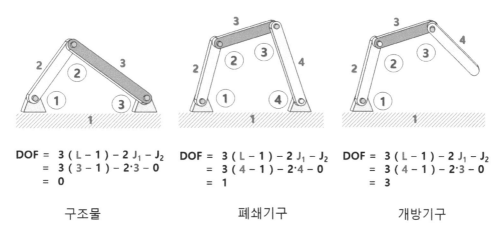

$$DOF = 3(L-1) - 2J_1 - J_2$$
$$= 3(3-1) - 2 \cdot 3 - 0$$
$$= 0$$

$$DOF = 3(L-1) - 2J_1 - J_2$$
$$= 3(4-1) - 2 \cdot 4 - 0$$
$$= 1$$

$$DOF = 3(L-1) - 2J_1 - J_2$$
$$= 3(4-1) - 2 \cdot 3 - 0$$
$$= 3$$

구조물   폐쇄기구   개방기구

[그림 2-7] 링크 기구의 자유도 계산

1.1.6 빔-엔진 기구(Beam-Engine Mechanism)

[그림 2-8]의 빔-엔진 장치는 크랭크의 회전운동을 피스톤의 왕복 수직운동으로 변환하기 위해 회전식 오버 헤드빔(Overhead Beam)을 사용한 기구를 말한다. 이 장치는 1705년경 Thomas가 Cornwall의 광산에서 물을 제거하기 위해 처음 사용했다. 레버-크랭크 메커니즘에서 크랭크는 점 A를 중심으로 회전하고, 레버는 회전 중심점 D를 기준으로 진동한다. 레버 CDE의 끝 E는 크랭크의 회전운동으로 인해 왕복 수직운동을 하는 피스톤 로드에 연결된다.

이처럼 빔-엔진 기구는 크랭크의 회전운동을 수직 슬라이딩 링크의 직선운동으로 변환하기 위해 6개의 링크 기구로 구성되어 있다. 그리고 크랭크, 커플러, 레버 및 피스톤 로드는 면 접촉에 의한 6개의 회전 조인트로 연결되어 있고, 피스톤 로드와 실린더는 1개의 면 접촉에 의한 병진 조인트로 체결되어 있다. 따라서 식 (2.2)에서 $L=6$이고, $J_1=7$이 되고, $J_2=0$이다.

$$M = 3(L-1) - 2J_1 - J_2$$
$$= 3(6-1) - 2 \times 7 - 0 = 1 \qquad\qquad (2.4)$$

빔-엔진 기구의 운동성을 계산하면 식 (2.4)에서와 같이 $M=1$이므로 원하는 출력을 생성하는 데 하나의 입력만 필요하다. 즉 A 조인트에 회전운동을 입력하면 피스톤 로드의 왕복 수직 운동을 얻을 수 있다.

본 교재에서는 레버-크랭크 메커니즘을 이용한 빔-엔진 장치를 활용하여 디지털 트윈을 구현하는 데 필요한 기술들을 학습한다.

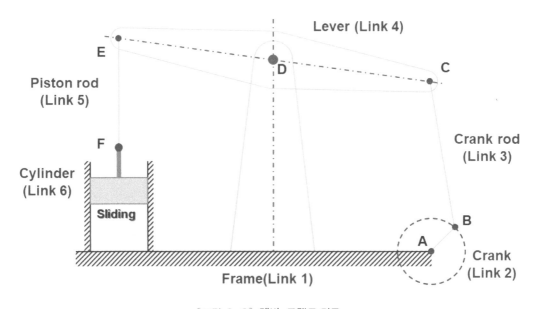

[그림 2-8] 레버-크랭크 기구

1.1.7 기어 (Gear)

본 교재를 활용하는 모든 실습생의 첫 번째 과제는 "빔-엔진 장치의 피스톤이 분당 N번 수직 왕복운동을 하도록 빔-엔진 장치를 설계하시오"이다. 따라서 각자에게 배분된 DC 모터의 rpm과 기어비의 관계식을 활용하여 주어진 설계 목푯값대로 빔-엔진 장치가 구동될 수 있도록 기어를 설계하여야 한다.

기어는 두 회전축 사이에서 동력이 서로 미끄럼이 없이 잘 전달될 수 있도록 원통형 또는 원추형 형상에 일정한 간격으로 톱니가 절삭되어 있는 기계 부품이다. 톱니바퀴의 조합에 따라 속도나 방향뿐만 아니라 출력의 회전수를 적절하게 조절할 수 있다.

[그림 2-9]와 같이 기어에는 동력이 입력되는 원동축에 장착되는 원동기어가 있고, 동력이 출력되는 종동축에 체결되는 종동기어가 있다. 기어비는 바로 원동기어가 한 바퀴 회전할 때 돌아가는 종동기어가 몇 바퀴 회전하는가를 나타내는 비율을 말한다. 기어비 계산 공식은 다음과 같다.

$$기어비\,(n) = \frac{원동기어\ 잇수\,(Z_A)}{종동기어\ 잇수\,(Z_B)} = \frac{종동기어\ 회전수\,(R_B)}{원동기어\ 회전수\,(R_A)} \tag{2.5}$$

따라서 원동기어의 잇수가 종동기어의 잇수보다 많으면 기어가 가속되고, 반대로 원동기어의 잇수가 종동기어의 잇수보다 작을 때는 기어가 감속된다.

이러한 기어를 분류하는 방법으로는 서로 맞물리는 기어의 회전축 간의 각도에 따라 평행축, 교차축, 어긋난축 기어로 분류하는 것이 가장 일반적이다. 본 교재에서는 동력을 전달하는 두 회전축이 서로 나란한 평행축 기어 중에서 스퍼기어를 사용하여 요구 성능을 만족시킬 수 있도록 빔-엔진 장치를 설계하는 것을 목표로 한다.

스퍼기어의 형상은 압력각과 모듈 및 잇수에 의해 결정된다. 이때 압력각 α은 기어 이의 경사각으로 맞물린 기어의 이가 회전할 때, 접점이 이동한 궤적으로 동력을 전달하는 각도를 의미하며 표준값은 $\alpha = 20°$이다. 그리고 모듈 m은 기어 이의 크기를 나타낸 것이고, 잇수 Z는 기어의 톱니 수이다. 또한, 두 기어가 서로 맞물릴 때 항상 두 개의 원을 그리며 [그림 2-9]처럼 접촉하게 된다. 이때의 접촉 원을 피치원(P.C.D: Pitch Circle Diameter)이라 하며, 그 지름 $D(mm)$는 모듈 m과 잇수 Z로 나타낼 수 있다.

$$D = m \cdot Z \tag{2.6}$$

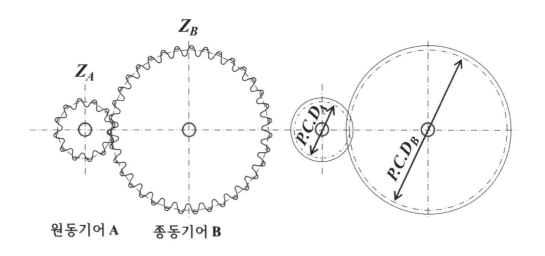

[그림 2-9] 원동기어와 종동기어

그리고 스퍼기어는 [그림 2-10]과 같이 평기어(외접기어)와 내치기어(내접기어)로 나누어진다.
평기어는 축과 평행하게 원통의 외측에 치형이 가공된 기어이고, 내치기어는 원통의 내측에 치
형을 가공하여 평기어와 한 쌍으로 사용한다. 먼저 평기어 간에 서로 회전하려면 피치원(P.C.D)
의 공통 접선이 존재하여야 하고, 기어의 설계에 필요한 축간거리 a는 두 평기어의 피치원 반지
름을 합한 값이다. 평기어와 내치기어 간의 축간거리 b는 두 기어의 피치원 반지름의 차이다.

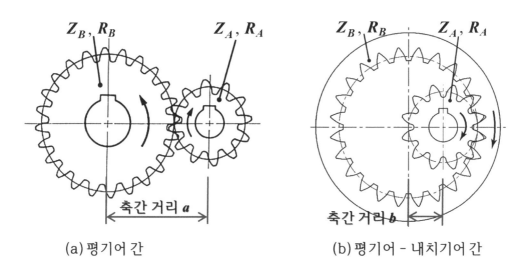

(a) 평기어 간   (b) 평기어 - 내치기어 간

[그림 2-10] 평기어와 내치기어의 축간거리 (출처: 기어 기술자료[11])

[표 2-1] 스퍼기어 그리기

전체 이높이 (h)	$h = 2.25 \times M$
피치원 지름 (PCD)	$\text{PCD} = M \times Z$
이뿌리원 (d)	외접기어 $d = \text{PCD} - (2.5 \times M)$
	내접기어 $d = \text{PCD} + (2.5 \times M)$
이끝원 지름 (D)	외접기어 $D = \text{PCD} + (2 \times M)$
	내접기어 $D = \text{PCD} - (2 \times M)$

1.2 기본 구상 설계

설계 목표는 "주어진 모터를 활용하여 빔-엔진 장치의 피스톤이 분당 N회 수직 왕복운동하도록 제작"하는 것이다. 먼저 빔-엔진 장치에 대한 기본 구상 설계와 관련된 항목 값들을 결정한다.

예를 들어 제공된 DC 모터의 회전수가 162rpm일 때, 설계 목표치가 "빔-엔진 장치의 피스톤이 분당 54회 수직 왕복운동 하도록 설계하는 것"이라 가정하면, [표 2-2]의 기본 구상 설계 단계에서 결정되어야 하는 항목 값들을 나열하면 다음과 같다.

① 제공된 DC 모터의 회전수가 162rpm일 때,

② 출력 실린더의 분당 수직 왕복운동 횟수 N이 54회가 되도록 설계하시오.

③ 먼저 원동기어 잇수 Z_A을 18개로 결정하고, ($Z_A \geq 18$)

④ 기어의 모듈 값을 1.5로 하면, ($m = 1.5$ 또는 2.0)

⑤ 종동기어의 회전수는 바로 빔-엔진 장치에서 피스톤의 분당 수직 왕복운동 횟수와 일치하므로 종동기어의 분당 회전수는 54회가 된다. ($R_B = 54$)

⑥ 식 (2.4)를 활용하여 기어비를 계산하면 $n = R_B/R_A = 54/162 = 0.3333\cdots$ 가 된다.

⑦ 종동기어 잇수, $Z_B = $ 원동기어 잇수 (18)/기어비 (0.333…) = 54가 된다.

⑧ 원동기어의 피치 원지름 P.C.D$_A$ ($= m^* Z_A = 1.5^*18$) = 27mm 이고,

[표 2-2] 기본 구상 설계 항목

작성 항목	항목 값	
	예시	기본 설계치
① 입력 DC 모터의 회전수 (rpm)	162	
② 실린더의 분당 왕복운동 횟수 (N)	54	
③ 원동기어 잇수 ZA	18	
④ 기어 모듈값, M	1.5	
⑤ 종동기어의 분당 회전수 (rpm)	54	
⑥ 기어비 (n)	0.333333···	
⑦ 종동기어 잇수, ZB	54	
⑧ 원동기어 P.C.DA (mm)	27	
⑨ 종동기어 P.C.DB (mm)	81	
⑩ 기어 축간거리 (mm)	27 (내접기어)	
⑪ 기어 축 중심까지 수직거리 (mm)	58	

⑨ 종동기어의 피치 원지름 P.C.D$_B$ ($=m*Z_B=1.5*54$) $=81$mm가 된다.

⑩ 외접기어를 활용하면 축간거리 $a=54$mm이고, 내접기어를 사용하면 축간거리 $b=27$mm 가 된다. 이 중에서 적절한 기어를 선정하여 동력 전달 장치의 설계 사양을 완료한다. 본 교재에서는 내접기어를 활용하여 디지털 트윈을 구성한다.

⑪ 그리고 [표 2-1]의 스퍼기어를 제작하기 위한 기어 치수 값들을 계산하면 [표 2-3]과 같 다. 내접기어의 외경은 이뿌리원 지름 84.75mm에 10mm를 더한 94.75mm로 제작한다. 따라서 지면으로부터 내접기어 중심축까지의 수직거리는 최소한 48mm보다는 커야 한 다. 예시에서는 지면과 약 10mm 정도의 간격이 형성될 수 있도록 기어 축까지의 수직거 리 $l=58$mm로 한다.

이처럼 주어진 DC 모터의 분당 회전수가 162rpm이고, 원동기어의 잇수가 18개일 경우에 종동기어의 잇수가 54개가 되면, 빔-엔진 장치의 피스톤이 분당 54회 수직 왕복운동을 할 수 있다. 이때 내접기어일 경우에 축간거리 b는 27mm가 된다.

외접기어는 [그림 2-10]과 같이 기어의 회전 방향이 서로 반대가 되고 가장 일반적으로 많이 사용되고 있지만, 소음이 심한 단점이 있다. 반면에 내접기어는 회전 방향이 서로 같고 맞물리는 잇수가 많으므로 진동이 적어 조용하지만, 잇수가 한정되어 있어서 큰 감속비를 얻을 수가 없다.

모든 실습생은 빔-엔진 장치의 기본 구상 설계 단계에서 "어떤 기어를 사용할 것인가?"를 결정하여야 한다. 예시에서는 내접기어를 사용하여 빔-엔진 장치를 활용한 디지털 트윈을 구축한다.

게다가 공압 실린더를 설치하여 빔-엔진 장치의 피스톤이 왕복운동하는 것과 동일한 주기로 공압 실린더의 전·후진 사이클이 제어될 수 있도록 자동화 시스템을 구성한다. 즉 빔-엔진 장치의 피스톤이 하강할 때 공압 실린더가 전진하고, 상승 시에 후진하도록 제어한다.

본 교과에서의 공압 실린더는 편로드 핀 타입의 복동 실린더로 튜브 내경이 10mm, 실린더 행정은 20mm이며, 피스톤 로드 지름은 4mm이다. 이러한 공압 실린더와 전·후진 방향을 제어하기 위한 밸브 및 전·후진 동작 감지를 위한 리밋스위치는 구매품을 사용한다. 이 부품들의 CAD 모델 및 제품 사양서를 제조회사의 웹사이트에서 직접 내려받거나, 웹 포털사이트를 통해 내려받을 수 있다.

[표 2-3] 빔-엔진 장치의 스퍼기어 치수 결정

세부 치수 항목	원동기어 (mm)		종동기어 (mm)	
	예시	기본 설계치	예시	기본 설계치
전체 이 높이 (h)	3.375		3.375	
피치원 지름 (PCD)	27		81	
이뿌리원 지름 (d)	23.25		84.75	
이끝원 지름 (D)	30		78	

1.3 주요 설계 치수 결정

레버-크랭크 기구를 활용한 빔-엔진 장치의 주요 구성 부품들에 대한 명칭을 [그림 2-11]에 나타내었다. DC 모터 ⑳의 회전 rpm은 원동기어 ⑱를 통해 종동기어 ⑰로 전달된다.

이때 피스톤 ⑦이 설계 목푯값인 분당 54회의 수직 왕복운동 하도록 설계되어야 한다. 따라서 제공된 DC 모터의 출력값인 162rpm을 감속시켜 종동축의 내접기어가 54rpm으로 회전할 수 있도록 원동기어와 종동기어의 잇수를 각각 18개와 54개로 선정하였다.

이처럼 제작된 내접기어는 크랭크 ⑫를 회전시키고, 그 회전력은 크랭크 로드 ⑬으로 전달된다. 두 기둥 ② 사이에 장착된 빔-힌지핀 ④을 중심으로 오버헤드 빔(레버) ③이 분당 54회 왕복 각운동을 할 수 있도록 작동된다.

이러한 동작이 구현될 수 있도록 DC 모터는 모터 지지대 ⑲에 장착되어 완전히 고정되고, 내접기어는 크랭크와 체결용 볼트에 의해 일체화된다. 그리고 이 일체형 부품은 기어 지지대 ⑯와 크랭크 롤러 ⑭에 의해 회전운동만 가능한 조립 상태로 체결된다.

또한, 크랭크 로드의 양쪽 회전축은 각각 힌지핀에 의해 크랭크와 오버헤드 빔에 장착되며, 좌우의 두 크랭크 로드 부재 사이에 크랭크 부싱 ⑮가 체결되어 하나의 링크처럼 작동한다.

빔-힌지핀을 중심으로 반대쪽에 있는 피스톤 로드 ⑨는 레버의 왕복 각운동을 피스톤 축 ⑧이 직선 왕복운동을 할 수 있도록 변환시켜 주고, 피스톤 축과 피스톤은 체결용 볼트로 일체화된다.

그리고 피스톤은 실린더 튜브 ⑤와 실린더 커버 ⑥이 볼트로 체결된 내부 원통 벽면을 따라 미끄럼 수직운동을 한다. 이때 피스톤이 더욱더 안정적인 수직 왕복운동을 할 수 있도록 피스톤-지지 빔 ⑪이 [그림 2-11]과 같이 피스톤 축의 직선운동을 안내하는 역할을 하고, 피스톤-지지 로드 ⑩은 이러한 피스톤-지지 빔이 정확한 위치에 고정될 수 있도록 고정 지지대 역할을 한다.

그리고 공압 실린더 ㉑의 로드커버 측에 L자 푸트금구 ㉒를 설치하여 실린더를 베이스플레이트에 고정한다. 공압 실린더의 피스톤 로드의 전·후진 동작을 감지하기 위한 리밋스위치 ㉓을 [그림 2-11]과 같이 2개 설치한다.

이처럼 빔-엔진 장치는 크랭크의 회전운동을 피스톤의 수직 왕복운동으로 변환하기 위해 회전식 오버헤드 빔을 사용한 장치이다. 크랭크에 회전 동력을 전달하는 모터와 기어 부품을 제외한 크랭크, 크랭크 로드, 오버헤드 빔, 기둥, 피스톤 로드의 링크 부재들은 인접 링크와 면접촉에 의한 6개의 회전 조인트로 구속된다. 그리고 피스톤과 실린더 간에는 1개의 면 접촉에 의한 병진 조인트로 체결된다.

크랭크의 회전 중심축은 내접기어의 회전 중심축과 일치하도록 체결되고, 기어 지지대의 보스에 헐거운 끼워 맞춤으로 조립된다. 그리고 기둥과 오버헤드 빔 사이에는 빔-힌지핀 부품을 제작하여 회전 조인트로 활용하고, 나머지 회전 조인트에는 금속 힌지핀을 사용한다.

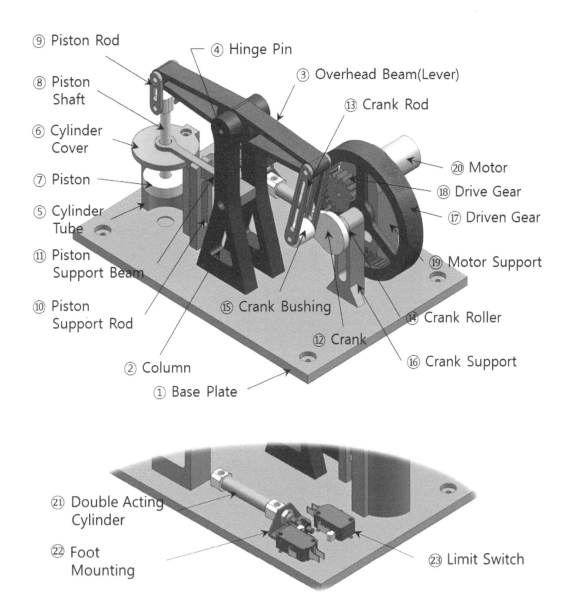

⑨ Piston Rod

⑧ Piston Shaft

⑥ Cylinder Cover

⑦ Piston

⑤ Cylinder Tube

⑪ Piston Support Beam

⑩ Piston Support Rod

④ Hinge Pin

③ Overhead Beam(Lever)

⑬ Crank Rod

⑳ Motor

⑱ Drive Gear

⑰ Driven Gear

⑲ Motor Support

⑮ Crank Bushing

⑭ Crank Roller

⑫ Crank

⑯ Crank Support

② Column

① Base Plate

㉑ Double Acting Cylinder

㉒ Foot Mounting

㉓ Limit Switch

[그림 2-11] 빔-엔진 장치의 구성 부품과 부품번호

[표 2-4]와 [그림 2-12]에 이러한 빔-엔진 기구의 조립 상태에 대한 주요 치수들을 나타내었다. 지면으로부터 크랭크의 회전 중심점까지의 수직거리 H02은 58mm이다. 지면으로부터 빔-힌지 핀까지의 거리 H01 = 120mm로 하고, 오버헤드 빔의 양쪽 회전 조인트 간 거리를 150mm로 한다.

그리고 크랭크 길이 $L03 = 16$mm이고, 크랭크 로드의 길이 $H07 = 64$mm이다. 이러한 치수 값들은 크랭크가 완전 1회전을 할 수 있는 그라쇼프 조건식을 다음과 같이 만족한다.

$$L_{\max}(97.31) + L_{\min}(13) \leq L_a(75) + L_b(64), \quad 110.31 \leq 139 \tag{2.7}$$

예시의 설계 치수 값들을 참조하여 [표 2-4]의 세부 치수를 결정한다.

그리고 공압 실린더와 리밋스위치 등의 구매품들에 대한 세부 치수는 제품에 따라 차이가 있으므로 반드시 해당 제품의 웹사이트에서 제공하는 CAD 파일이나 제품 사양서를 참조한다.

[표 2-4] 빔-엔진 장치의 조립 상태에 대한 설계 치수

정면도	치수 값 (mm)		우측면도	치수 값 (mm)	
	예시	설계치		예시	설계치
$L01$	150		$W01$	15	
$L02$	75		$W02$	12	
$L03$	16		$W03$	3	
$H01$	120		$W04$	5	
$H02$	58		$W05$	8	
$H03$	61		$W06$	15	
$H04$	58		$W07$	3	
$H05$	70		$W08$	16	
$H06$	23		$W09$	9.5	
$H07$	64		$W10$	20	

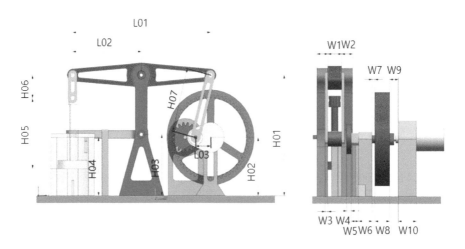

[그림 2-12] 빔-엔진 장치의 주요 부품들의 세부 치수

3D CAD 모델링과 어셈블리

현실 세계의 자동화 설비를 가상공간에 똑같이 구현하기 위해 먼저 3D CAD 모델링 활용 기술이 필요하다. 그리고 가상의 설비 제작 과정을 통해 현실 세계에서의 자동화 생산설비 조립 시에 발생할 수 있는 부품 간의 간섭 문제 및 체결 요소 간의 조립성 문제 등을 검토할 수 있는 CAD 어셈블리 과정이 요구된다.

따라서 본 절에서는 지멘스 NX의 3D CAD 모델링 활용 기술을 습득하고, 각 구성 부품에 대한 가상의 디지털 부품을 제작한다. 또한, NX의 어셈블리 기능을 활용하여 실제 물리 시스템의 시제품 제작에 앞서, 가상공간에서 부품 간 조립 과정을 거쳐 디지털 모델을 완성한다.

2.1 Siemens NX 입문하기

2.1.1 언어 설정

- [윈도우 탐색기]의 ① '내 PC'에서 MB3 → ② 속성 → ③ 고급 시스템 설정 → ④ [시스템 속성]에서 [고급] → ⑤ 환경변수(N) → 시스템 변수(S) 항목에서 'UGII_LANG'를 편집하기 (English ⇌ Korean)

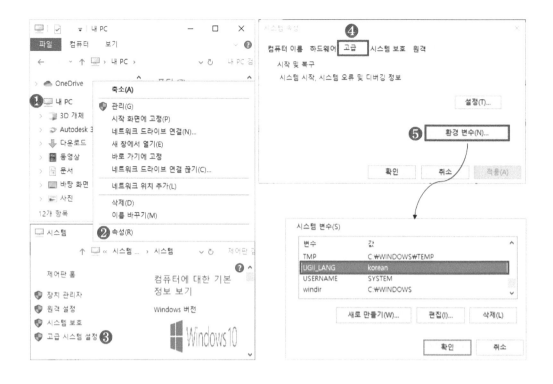

2.1.2 NX 시작하기

- NX 실행하기

  방법 1: 바탕 화면에 있는 NX 아이콘을 더블클릭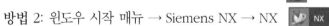

  방법 2: 윈도우 시작 매뉴 → Siemens NX → NX

- NX 시작 화면은 다음과 같다. [새로 만들기] 아이콘을 클릭한다.

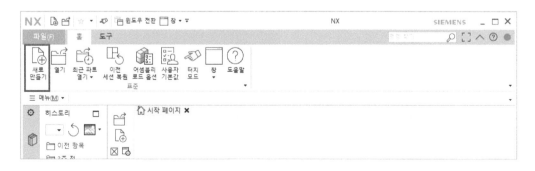

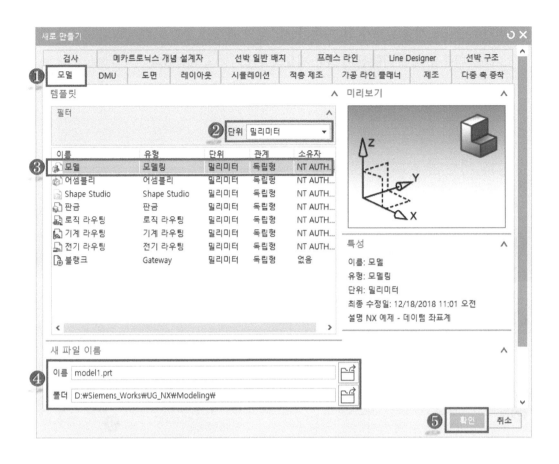

탭 중에서 ❶ [모델]을 선택한 다음, 템플릿에서 단위를 ❷ [밀리미터]로 설정하고, 작업 유형으로 ❸ [모델]을 선택한다. 그리고 ❹ [작업 디렉토리]를 지정하고, 작업 [모델명]을 입력한 후에 ❺ [확인] 버튼을 클릭한다. Siemens NX에서 제공하는 다양한 기능 중에서 자주 사용하는 탭에 관하여 간단히 설명하면 다음과 같다.

모델 탭: 3D 모델링을 생성할 때 사용하며 모델, 어셈블리, Shape Studio, 판금 등의 작업을 할 수 있다.

도면 탭: 미리 정의한 도면 양식을 사용하여 2D 도면을 작성할 수 있다.

시뮬레이션 탭: 다중 물리 해석이 가능하며 Ansys, Abaqus, NX Natran 등 다양한 해석 솔버를 제공한다. NX Nastran을 기본 솔버로 사용하고 있다.

제조 탭: CNC 밀링이나 선반과 같은 금속 가공에 필요한 데이터를 생성하고 검증하기 위해 사용한다.

메커트로닉스 개념 설계자 탭: 자동화 시스템의 복잡한 동작을 해석하고, 자동화 제어 알고리즘 검증을 위한 다양한 동력학 시뮬레이션 기능을 제공한다.

2.1.3 화면 제어하기

• NX 디스플레이 화면 설명

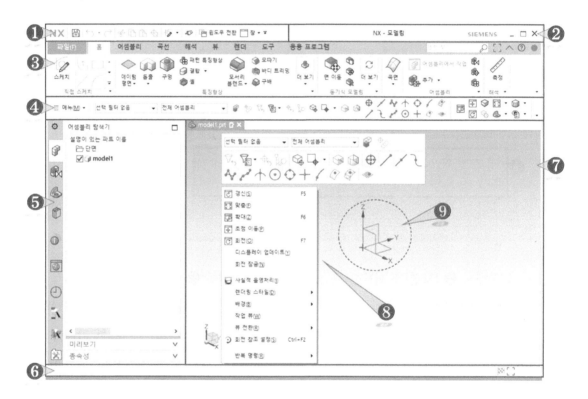

❶ **빠른 실행(Quick Access)**: 빠르게 특정 기능을 사용할 수 있도록 단축 기능 등록

❷ **제목 표시줄(Title Bar)**: 작업 중인 응용 프로그램과 파트의 이름 및 특성을 확인

❸ **리본 메뉴(Libbon Menu)**: NX의 기능들을 사용할 수 있는 그룹별 리본을 제공

❹ **메뉴 툴바(Top Border Bar)**: 메뉴와 객체 선택을 위한 다양한 기능을 제공하고 사용자가 쉽게 작업 모델을 확인할 수 있도록 뷰 선택 기능을 제공

❺ Resource Bar: 파트 탐색기 등 사이드 기능 모음

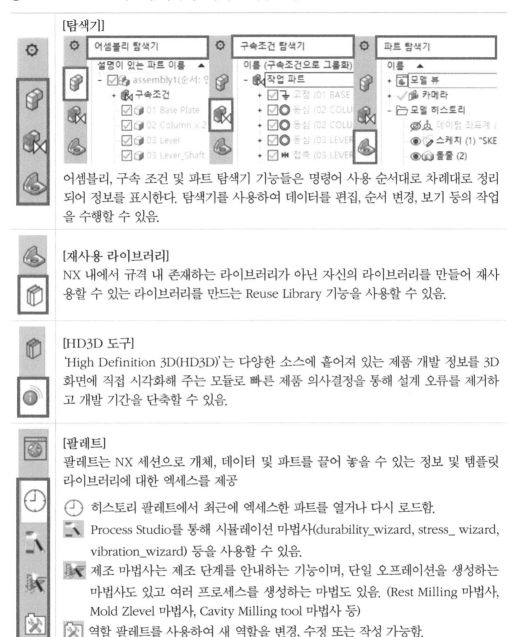

	[탐색기] 어셈블리, 구속 조건 및 파트 탐색기 기능들은 명령어 사용 순서대로 차례대로 정리되어 정보를 표시한다. 탐색기를 사용하여 데이터를 편집, 순서 변경, 보기 등의 작업을 수행할 수 있음.
	[재사용 라이브러리] NX 내에서 규격 내 존재하는 라이브러리가 아닌 자신의 라이브러리를 만들어 재사용할 수 있는 라이브러리를 만드는 Reuse Library 기능을 사용할 수 있음.
	[HD3D 도구] 'High Definition 3D(HD3D)'는 다양한 소스에 흩어져 있는 제품 개발 정보를 3D 화면에 직접 시각화해 주는 모듈로 빠른 제품 의사결정을 통해 설계 오류를 제거하고 개발 기간을 단축할 수 있음.
	[팔레트] 팔레트는 NX 세션으로 개체, 데이터 및 파트를 끌어 놓을 수 있는 정보 및 템플릿 라이브러리에 대한 엑세스를 제공 ⏱ 히스토리 팔레트에서 최근에 엑세스한 파트를 열거나 다시 로드함. 🔍 Process Studio를 통해 시뮬레이션 마법사(durability_wizard, stress_ wizard, vibration_wizard) 등을 사용할 수 있음. 🔧 제조 마법사는 제조 단계를 안내하는 기능이며, 단일 오프레이션을 생성하는 마법사도 있고 여러 프로세스를 생성하는 마법도 있음. (Rest Milling 마법사, Mold Zlevel 마법사, Cavity Milling tool 마법사 등) 🛠 역할 팔레트를 사용하여 새 역할을 변경, 수정 또는 작성 가능함.

❻ Cue/status Line: 사용자가 다음 작업으로 진행할 관련 명령어를 미리 알려줌.

❼ 작업 화면(Graphics Window)

✓ 좌표계

 작업 좌표계
(WCS)

 ❾ 데이텀 좌표계
(Datum CSYS)

작업 좌표계(WCS)는 직교 좌표계로 WCS를 사용하여 모델 공간에서 개체의 위치 및 방향의 기준이 되는 좌표계임.

WCS는 이동 가능한 좌표계이므로 그래픽 윈도우에서 원하는 위치로 이동하여 다른 방향 및 위치에서 지오메트리를 구성할 수 있음.

데이텀 좌표계는 3개의 축, 3개의 평면 및 하나의 원점으로 구성된 연관 개체 세트를 제공하며, 스케치 평면이나 기준면, 기준축, 원점으로 사용할 수 있음.

데이텀 좌표계의 개체는 개별적으로 선택하여 어셈블리에서 다른 특징 형상 생성 및 컴포넌트 배치를 지원할 수 있음.

※ 화면상에서 마우스 오른쪽을 길게 누르면 나타나는 메뉴

 ⇐ 화면상에서

스튜디오, 음영 처리 모서리 표시,
음영 처리, 스냅뷰, 맞춤, 면 해석

 ⇐ 객체상에서

설정, 매개변수 편집, 돌출, 억제, 숨기기, 디스플레이 편집, 삭제

※ 화면상에서 마우스 오른쪽을 짧게 누르면 나타나는 메뉴

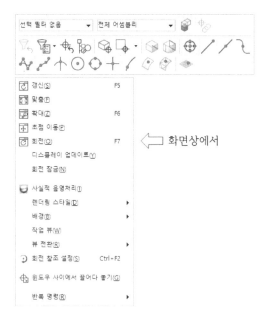 ⇐ 화면상에서

 ⇐ 객체상에서

52

※ 화면상에서 Ctrl+Shift 키를 누른 상태에서 마우스의 MB1, MB2, MB3 버튼을 눌러보면 아래와 같은 알림창을 볼 수 있다. Radial Pop Up Icon을 통해 쉽고 빠르게 명령을 실행할 수 있다. Customize를 이용하여 아이콘을 변경하거나 추가할 수 있다.

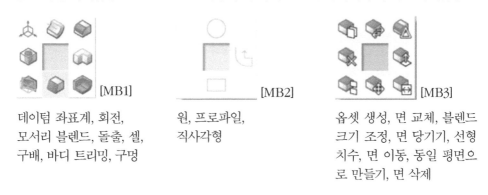

[MB1]
데이텀 좌표계, 회전,
모서리 블렌드, 돌출, 셸,
구배, 바디 트리밍, 구멍

[MB2]
원, 프로파일,
직사각형

[MB3]
옵셋 생성, 면 교체, 블렌드
크기 조정, 면 당기기, 선형
치수, 면 이동, 동일 평면으
로 만들기, 면 삭제

※ 화면상에서 마우스의 MB2 버튼을 누르고 있으면, 아래 그림과 같이 하나의 포인트가 생성된다. MB2를 누르고 있을 때 생기는 ◎ 모양의 포인트는 모델링을 회전시키면서 개체 확인을 할 때 이 포인트 중심으로 회전하게 된다. 모델링을 회전시키다 보면 전체의 모습이 회전하게 되어 작업이 불편해질 때 이 기능을 사용하여 사용자가 원하는 위치에서 회전시켜 작업을 진행할 수 있다.

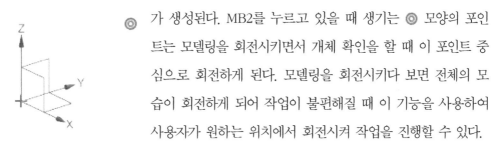

※ 마우스+키보드 제어

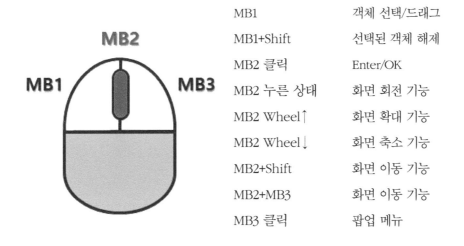

MB1	객체 선택/드래그
MB1+Shift	선택된 객체 해제
MB2 클릭	Enter/OK
MB2 누른 상태	화면 회전 기능
MB2 Wheel↑	화면 확대 기능
MB2 Wheel↓	화면 축소 기능
MB2+Shift	화면 이동 기능
MB2+MB3	화면 이동 기능
MB3 클릭	팝업 메뉴

2.1.4 옵션 설정하기

NX를 원활하게 사용하기 위해서는 기본적으로 필요한 옵션을 설정하여야 한다. 모든 옵션을 다 이해할 필요는 없고, 꼭 알아두어야 할 옵션들만 살펴보자.

• [파일] → [환경 설정]에서 사용자 환경 설정을 할 수 있다. 하지만 NX를 다시 실행하게 되면 사용자 설정이 초기화된다. 사용자 환경 설정을 계속 유지하기 위해서는 다음과 같이 [사용자 기본값]에서 설정하여야 한다. 설정 후 NX를 재실행해야 설정값이 적용된다.
[파일] → [유틸리티] → [사용자 기본값]

• [스케치] 환경 설정
3차원 CAD 시스템에서 2차원 프로파일을 스케치(Sketch)라고 한다. 즉 3차원 형상을 모델링하기 위한 밑그림으로 2차원 평면에 그린 그림을 말한다.

① 치수 레이블 설정하기: [사용자 기본값] → [스케치] → [일반] → [스케치 스타일]에서 활성 스케치의 치수 레이블 선택 옵션을 두 가지 모두 값으로 설정한다.

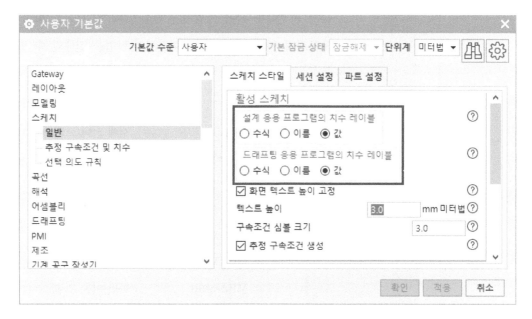

※ "치수 레이블"이란 3D 입체 모델링을 위한 2D 스케치 환경에서의 치수 표시 방법을 말한다.
※ "화면 텍스트 높이 고정"이란 화면의 확대/축소와 관계없이 치수의 높이를 일정하게 한다.

② 자동 치수 지정 해제하기: [사용자 기본값] → [스케치] → [추정 구속조건 및 치수] →
[치수]에서 "설계 응용 프로그램에서 연속 자동 치수 지정"에 체크를 해제한다.

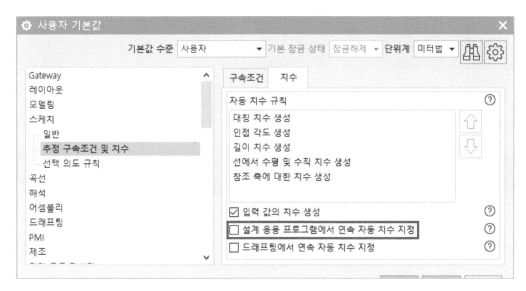

※ "연속 자동 치수 지정"을 활성화하면 2D 스케치를 작성할 때, 자동으로 스케치에 치수
가 생성된다. 따라서 자동 치수 지정으로 구속 조건이나 치수 기입을 의도대로 적용하
기가 어려울 수 있다. 그러므로 연속 자동 치수 지정을 해제하는 것이 권장된다.

• [지정 작업 폴더에 파일 저장하기] 환경 설정

NX 프로그램에서 작업한 모든 파일은 Siemens / NX / UGII 폴더에 저장된다. [Gateway]
→ [일반] → [디렉토리] → [파트파일 디렉토리] → [찾아보기]를 통해 사용자가 지정한 디
렉토리를 작업 폴더로 다음과 같이 설정할 수 있다.

2.1.5 주요 단축키

범주	단축키	설명
편집	Ctrl + A	모두 선택
	Ctrl + C	복사
	Ctrl + D	삭제
	Ctrl + X	잘라내기
	Ctrl + Z	실행 취소
	Ctrl + B	숨기기
	Ctrl + J	개체 디스플레이
	Ctrl + W	표시 및 숨기기
	Ctrl + Shift + B	표시 및 숨기기 반전
	Ctrl + Shift + U	모두 표시
	Shift + B	최고 선택 우선순위 - 바디
	Shift + C	최고 선택 우선순위 - 컴포넌트
	Shift + E	최고 선택 우선순위 - 모서리
뷰	Shift + F	최고 선택 우선순위 - 특징 형상
	Shift + G	최고 선택 우선순위 - 면
	Home 키	트리매트릭 뷰
	End 키	등각 뷰
	Ctrl + Alt + F	정면 뷰
	Ctrl + Alt + T	평면 뷰
	Ctrl + Alt + R	우측면 뷰
	Ctrl + Alt + L	좌측면 뷰
	Ctrl + F	화면 맞춤
	Ctrl + T	개체 이동
	Shift + F8	스케치 평면에 맞게 뷰 전환
	Alt + Enter	전체 화면 모드를 시작하거나 종료
	F5	화면 갱신
	F8	스냅 뷰(가장 가까운 표준 뷰 배치)
형식	Ctrl + L	레이어 설정
	W	WCS 화면 표시 On/Off

2.2 스케치(Sketch)

  3D CAD 모델링 과정에서 가장 먼저 제작할 부품의 형상에 관한 기본적인 레이아웃을 2차원 작업 평면 위에 스케치하여 3차원 형상을 구성한다.

2.2.1 스케치 생성하기(Create Sketch)

• 스케치 아이콘을 클릭하여 실행

• 기본적으로 3개의 작업 평면(XY 평면, YZ 평면, ZX 평면)이 주어지고, 선택된 스케치 작업 평면에 따라 3차원 형상은 평면도 (XY 면), 우측면도 (YZ 면), 정면도(ZX 면)로 생성됨.

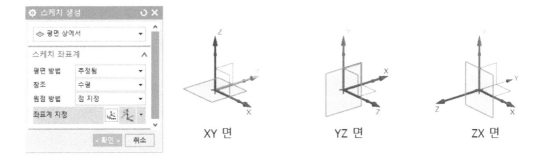

XY 면   YZ 면   ZX 면

• 확인 클릭 → 선택한 평면이 스케치 면이 되고, 스케치 도구 모음 화면이 나타남.

- 스케치 종료 아이콘을 클릭 → 스케치를 종료하며, 모델링 영역으로 화면이 전환

  ※ 스케치 뷰로 화면 전환 방법 (2가지 방법)

  ① Shift + F8

  ② 스케치 영역에서 마우스 MB3 버튼을 길게 누르

  면 메뉴 선택 창이 나타남

2.2.2 그리기 도구 (Sketch Tools)

스케치를 작성할 때 사용되는 곡선 도구 모음들을 나타낸 것이다.

1) 곡선 도구 모음

- 프로파일(　단축키 Z): 직선과 원호가 연결된 곡선을 생성한다. 최종 곡선의 끝이 다음 곡선의 시작이 된다. 직선 생성 후 원호 아이콘 클릭하여 원호를 생성한다.

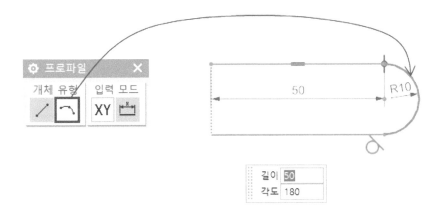

- 직사각형(⬚ 단축키 R): 세 가지 방법 중에서 하나를 선택하여 직사각형을 생성한다.

2점으로 중심에서

3점으로

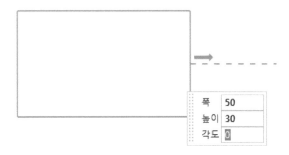

- 선(⁄ 단축키 L): 연속되지 않는 선을 작성한다.
- 원호(⌒ 단축키 A): 세 점 혹은 중심과 두 끝점으로 원호를 생성한다.
- 원(○ 단축키 O): 세 점 혹은 중심과 직경으로 원을 생성한다.
- 점(┼): 스케치 점을 생성한다.

2) 곡선 편집 도구 모음

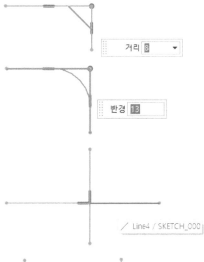

- 모따기(⟍): 두 개의 스케치 선 사이에 각진 코너를 모따기한다.
- 필렛(⟍): 두 개의 스케치 선 사이에 만나는 교차점을 선택하여 필렛을 생성한다.
- 빠른 트리밍(✕): 가장 가까운 교차점 또는 대상 곡선을 각각 선택하여 자르기를 할 수 있다.
- 빠른 연장(⁄): 선택한 곡선을 다음 경계가 되는 곡선까지 연장한다.

• 코너 만들기(✕): 두 곡선을 연장하거나 트리밍하여 코너를 만든다.

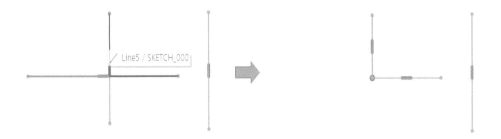

• 곡선 이동(✛): 곡선 세트를 이동하고 이에 따라 인접 곡선도 조정한다.
• 곡선 이동 옵셋(⬚): 지정된 옵셋 거리에서 곡선 세트를 이동하고 이에 따라 인접 곡선도 조정한다.

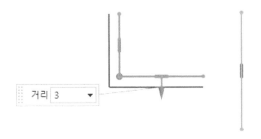

3) 곡선 추가 도구 모음

• Studio Spline(　 단축키 S): 지정한 점에 기울기나 곡률 구속 조건을 지정하는 방법으로 스플라인을 동적으로 생성하고 편집한다.

• 다각형(　 단축키 P): 지정한 변의 수를 가지는 다각형을 생성한다.

• 타원( ): 중심과 외 반경, 내 반경 및 각도로 타원을 생성한다.

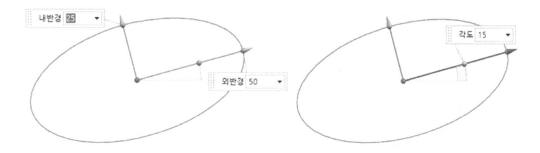

• 옵셋 곡선( ): 스케치 평면상에 있는 곡선 체인을 옵셋한다.

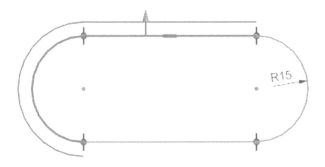

• 패턴 곡선( ): 스케치 평면상에 있는 곡선 체인에 패턴을 지정한다.

- 대칭 곡선(⚠): 스케치 평면상에 있는 곡선 체인의 대칭 패턴을 생성한다.

- 파생된 선(╲): 기존 선에 평행이거나, 두 평행선 가운데를 지나거나, 평행하지 않은 두 선이 이루는 각도를 이등분하는 선을 생성한다.

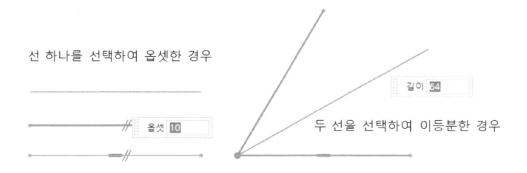

2.2.3 구속 조건 도구(Constraints Tools)

스케치 요소 간의 관계 조건을 주기 위한 구속 조건을 작성하는 방법에 대해 학습한다.

1) 지오메트리 구속조건

2) 치수 구속조건

1) 지오메트리 구속 조건

스케치 형상에 지오메트리 구속 조건을 추가한다. 이 구속 조건은 스케치 형상 사이의 구속 조건을 지정하고 유지한다. 두 가지 방법으로 구속 조건을 설정할 수 있다.

- 수동 설정 방법: 더 보기 → 스케치 구속 조건 → 지오메트리 구속 조건

- 자동 설정 방법: 구속할 지오메트리 선택(한 개 이상 선택) → 구속할 대상 개체 선택(개체 하나를 선택함) → NX가 활성 스케치상에서 있는 형상을 분석하여 구속 조건을 자동으로 표시함(단축키 도구 모음) → 도구 모음에서 구속 조건 선택

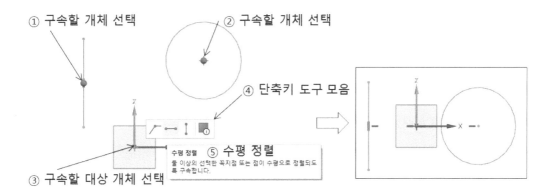

- 일치(⌐): 두 개 이상의 점을 동일한 위치로 구속한다.
- 곡선상의 점(⊤): 점의 위치가 곡선 위에 놓이도록 정의한다.
- 접합(⌒): 두 선과 원이 서로 접하도록 구속한다.

- **평행(⫽)**: 두 개 이상의 선 또는 타원을 서로에 대해 평행으로 정의한다.
- **직교(✕)**: 두 개 이상의 선 또는 타원을 서로 직교하도록 정의한다.
- **수평(─)**: 선을 수평으로 정의한다.
- **수직(│)**: 선을 수직으로 정의한다.
- **수평 정렬(─)**: 수평 방향에서 두 개 이상의 점을 정렬하고, 수평 방향은 스케치 방향으로 정의한다.
- **수직 정렬(│)**: 수직 방향에서 두 개 이상의 점을 정렬하고 수직 방향은 스케치 방향으로 정의됨.
- **중간 점(├─)**: 선 또는 원호의 두 끝점에서 같은 거리로 점의 위치를 구속한다.
- **동일직선상(╱)**: 두 개 이상의 선이 동일한 직선 위에 놓이거나 동일한 직선을 통과하도록 정의한다.
- **동심(◎)**: 두 개 이상의 원호 또는 타원형 원호를 동일한 중심으로 정의한다.
- **같은 길이(═)**: 두 개 이상의 선이 같은 길이가 되도록 정의한다.
- **동일 반경(︵)**: 두 개 이상의 원호가 같은 반경이 되도록 정의한다.

2) 치수 구속 조건

NX에서는 구속 치수, 자동 치수, 참조 치수의 3가지 유형의 스케치 치수를 제공한다.

① 구속 치수: 구속 치수를 이용하여 스케치의 정확한 형상이나 위치를 지정할 수 있다.

- **급속 치수(⚡ 단축키 D)**: 선택한 개체 간에 치수 구속 조건을 생성한다. 이 명령은 선택한 개체 및 커서의 위치를 기반으로 선형, 반경, 각도 치수 유형 중 하나를 추정한다.
- **선형 치수(├─ˣ─┤)**: NX는 선택한 개체 및 마우스 커서의 위치를 기준으로 수평, 수직, 정렬에 관한 치수 유형을 추정한다.
- **반경 치수(↗ᴿ)**: 원호 또는 원에 변경 혹은 직경 치수 구속 조건을 생성한다.
- **각도 치수(∡)**: 선택한 두 선 간에 각도 치수 구속 조건을 생성한다.
- **둘레 치수(↻)**: 선택한 일련의 선과 원호의 총 길이를 제어하는 수식을 생성한다.

② 자동 치수: NX에서는 스케치를 작성함과 동시에 설계 치수가 자동으로 생성될 수 있도록 지원한다. 이러한 치수는 구속 치수로 변환할 수 있지만, 지오메트리 구속 조건이나 치수 구속 조건 적용 시에 의도대로 설정이 되지 않는 경우가 발생할 수 있다. 따라서 [2.2.4절 옵션 설정하기]에서 자동 치수를 해제하도록 설정한다.

③ 참조 치수: 참조 치수는 정보만 표시하고 스케치를 구속하지 않으며, 구속 치수와 참조 치수로 서로 간 변환이 자유롭다.

<자동 치수>　　　　　　　　<참조 치수>

※ 참조하도록 변환(⫶)

선택한 스케치 곡선 또는 스케치 치수를 참조하도록 변환한다. 참조 곡선과 참조 치수로 변환된 이후부터 적용되는 명령(예: 돌출)은 참조 곡선을 사용하지 않으며, 참조 치수는 스케치 지오메트리를 구속하지 않는다.

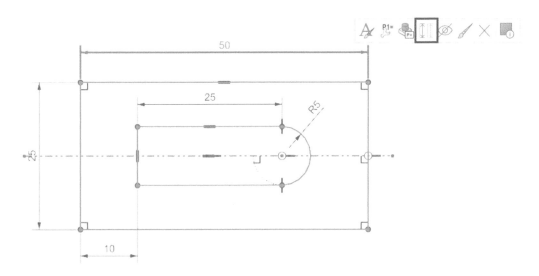

2.3 파트 모델링(Part Modeling)

파트를 생성하는 모델링 방법은 독립형 파트 생성 또는 어셈블리 내에서 파트 생성 과정을 진행할 수 있다. NX에서 파트 생성을 위한 기본 단계는 다음과 같다.

- 새 파일로 시작

  첫 번째 방법으로 파트 모델의 새 파일을 생성한다.

  두 번째 방법으로 새 파일을 어셈블리에 새 구성 요소로 추가하여 어셈블리 환경 내에서 파트를 생성한다. 다른 파트와 조립에 따른 기능에 문제가 없도록 설계하고 의도하지 않은 간섭이 발생하지 않도록 어셈블리 내에서 파트를 생성한다.

- 모델링 정의

  최종 파트가 솔리드 바디 혹은 시트 바디인지를 결정한다. 이는 가장 먼저 작성되는 특징 형상의 모델링 전략에 영향을 미친다. 솔리드 바디는 볼륨 및 질량에 대한 정의를 제공하므로 대부분의 파트 모델링에서 사용된다. 시트 바디는 제조 또는 시뮬레이션에 사용되기도 한다. 또한, 시트 바디는 솔리드 바디 모델의 트리밍 도구로 사용되기도 한다.

- 데이텀 생성

  데이텀 좌표계 및 데이텀 평면을 생성하여 모델링 특징 형상의 위치를 지정한다.

  이러한 데이텀은 생성될 특징 형상의 연관성 체인의 시작을 구성한다.

- 특징 형상 생성

  모델링 정의에 따라 특징 형상을 생성한다.

  ① 돌출, 회전 또는 스위핑과 같은 설계 특징 형상으로 시작하여 기본 형상을 정의한다. 일반적으로 이러한 특징 형상은 스케치를 사용하여 단면을 정의한다.

  ② 다른 설계 특징 형상을 추가한다.

  ③ 체결용 구멍을 추가한다.

  ④ 파트 생성의 마무리를 위한 모서리 필렛과 모따기 특징 형상을 추가한다.

2.3.1 특징 형상 모델링 방법(Feature Modeling Method)

특징 형상 모델링은 모델에 특징 형상을 추가하여 최종 형상을 생성하기 위한 모델링 과정을 말한다. 추가한 특징 형상이 파트 탐색기에 차례로 나열된다. 일반적으로 데이텀 좌표계 및 데이텀 평면과 같은 데이텀 특징 형상으로 모델링을 시작한다. 이러한 특징 형상은 스케치와 같은 다른 특징 형상의 위치를 지정하는 데 사용할 수 있다. NX는 특징 형상을 생성할 때 특징 형상 간에 연관성을 유지한다. 예를 들어 스케치를 생성하여 회전시키면 NX에서는 스케치와 회전 특징 형상 간의 연관성을 자동으로 유지한다. 특징 형상의 부모와 자식 관계를 확인하려면 파트 탐색기에서 특징 형상을 선택한다.

2.3.2 데이텀 평면(Datum Plane)

기존 형상의 평면으로 특징 형상을 생성할 수 없을 때 점, 선, 면 등의 개체를 참조하여 특징 형상을 생성하기 위한 임의의 평면을 정의할 수 있다.

1) 추정됨

선택한 개체를 기반으로 사용할 최적의 데이텀 평면 유형을 결정한다.

2) 거리

지정된 평면의 수직거리를 두고 그 면에 평행한 새로운 평면을 생성한다.

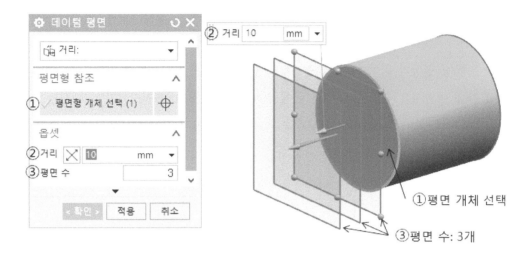

3) 각

선택한 평면형 개체에서 지정된 각도로 평면을 생성한다.

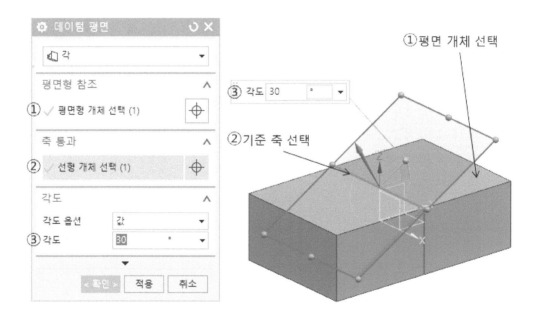

4) 이등분선

선택한 두 평면형 면 또는 평면의 중간에 평면을 생성한다.

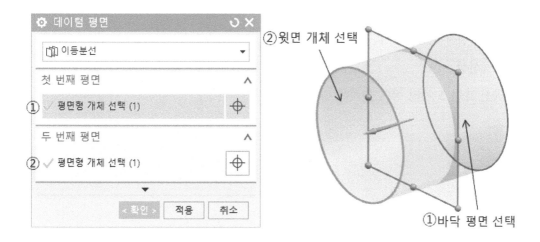

5) 곡선 및 점

점 또는 선의 여러 조합에 의해 평면을 정의한다.

6) 2개의 선

두 직선, 선형 모서리 또는 데이텀 축을 사용하여 평면을 생성한다.

7) 접선

비평면형 곡선에 접하는 데이텀 평면을 생성한다.

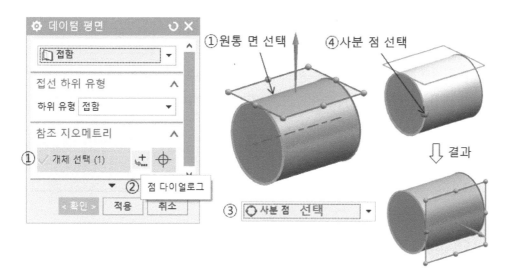

8) 개체 통과

선택된 개체의 곡면 법선에 데이텀 평면을 생성한다.

9) 점 및 방향

점 및 지정된 방향에서 평면을 생성한다.

10) 곡선상

곡선 또는 모서리 상의 위치에 평면을 생성한다.

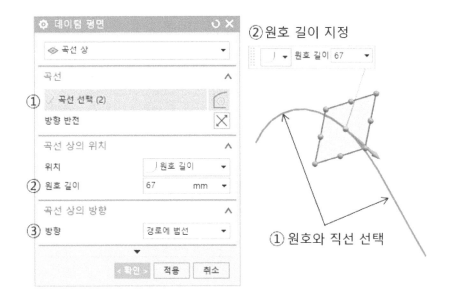

2.3.3 돌출(Extrude)

2차원 단면 형상을 돌출하는 기능으로 곡선, 모서리, 면, 스케치 또는 곡선 특징 형상의 단면을 선택한 다음 직선거리로 연장하여 솔리드 또는 시트 바디를 생성한다.

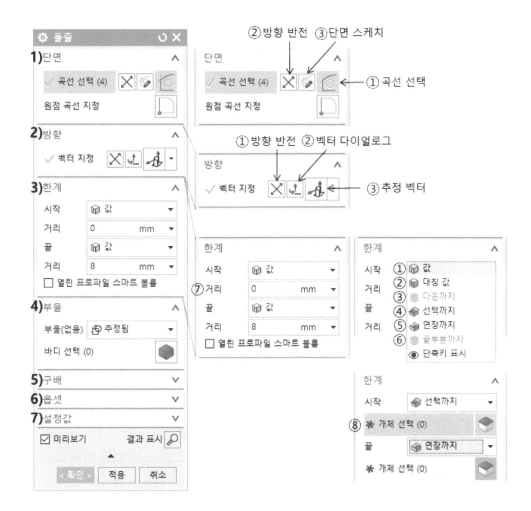

1) 단면

   ① 곡선 선택: 돌출시킬 단면의 곡선, 모서리, 스케치 또는 면을 선택할 수 있다.

   ② 방향 반전: 단면을 이루는 연결선(string)의 방향을 반전시킨다.

   ③ 단면 스케치: 스케치를 열고 내부 스케치를 생성할 수 있다.

2) 방향

   ① 방향 반전: 단면의 반대편으로 돌출 방향을 변경한다.

   ② 벡터 다이얼로그의 벡터 지정 옵션에서 벡터 방법을 선택하거나,

   ③ 추정 벡터를 선택한 다음 해당 유형에서 지원하는 면, 곡선, 또는 모서리를 선택하여
      단면 돌출 방향을 정의할 수 있다.

3) 한계

시작/끝: 단면에서 측정한 것처럼 돌출 특징 형상의 시작 및 끝을 정의할 수 있다.

① 값: 돌출 특징 형상의 시작 또는 끝에 해당하는 숫자 값을 지정한다. 단면 아래의 값은 음수이고 단면의 위쪽 값은 양수이다. 단면의 각 측면 중 한 곡선을 선택하여 끌어당기거나 입력창에 직접 값을 입력하여 돌출시킬 수 있다.

② 대칭 값: 시작 한계 거리를 끝 한계와 같은 값으로 변환한다.

③ 다음까지: 모델의 다음 면과 교차하는 부분을 찾아 자동으로 한계를 결정한다.

④ 선택까지: 선택한 면, 데이텀 평면 또는 바디까지 돌출 특징 형상을 연장한다.

⑤ 연장까지: 단면이 단면 모서리 너머로 연장된 경우 돌출 특징 형상(바디인 경우)을 선택한 면까지 다듬는다.

⑥ 끝부분까지: 지정한 방향 경로를 따라 선택 가능한 모든 바디를 완전히 관통하여 돌출 특징 형상을 연장한다.

⑦ 거리: 시작 및 끝 옵션 중 하나가 ① 값 또는 ② 대칭 값으로 설정된 경우 두 옵션 모두에 대해 나타난다.

⑧ 개체 선택: 시작 및 끝 옵션 중 하나가 ④ 선택까지 또는 ⑤ 연장까지로 설정된 경우에 두 옵션 모두에 대해 개체 선택이 나타난다. 면, 시트 바디, 솔리드 바디 또는 데이텀 평면을 선택하여 돌출 특징 형상의 경계 시작 또는 끝 한계를 정의할 수 있다.

4) 부울

돌출 특징 형상이 접촉한 바디와 상호 작용하는 방법을 지정할 수 있다.

① 없음: 독립된 돌출 솔리드 바디를 생성한다.

② 결합: 돌출 볼륨을 타겟 바디와 함께 단일 바디로 결합한다.

③ 빼기: 돌출 볼륨을 타겟 바디에서 제거한다.

④ 교차: 돌출 특징 형상 및 해당 돌출 특징 형상이 교차하는 기존 바디에서 공유하는 볼륨이 포함된 바디를 생성한다.

⑤ 추정: 돌출의 방향 벡터와 돌출한 개체의 위치를 기준으로 대부분의 가능한 부울 연산을 결정한다.

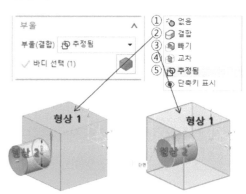

5) 구배

돌출 특징 형상의 측면 하나 이상에 기울기를 추가할 수 있다.

① 없음: 구배를 생성하지 않는다.

② 시작 한계에서: 돌출 시작 한계에서 시작되는 구배를 생성한다.

③ 시작 단면: 돌출 단면에서 시작되는 구배를 생성한다.

④ 각도: 구배 각도를 입력한다.

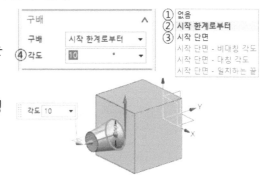

6) 옵셋

단면에서 상대적인 값을 입력하거나 옵셋 핸들을 끌어 돌출 특징 형상에 최대 2개의 옵셋을 지정할 수 있다.

① 없음: 옵셋을 생성하지 않는다.

② 한면: 단일 끝 옵셋을 돌출 특징 형상에 추가한다. 이 옵셋 종류를 사용하면 구멍 채우기와 보스 생성을 수행할 수 있다.

③ 양면: 시작 및 끝 값을 사용하여 돌출 특징 형상을 옵셋에 추가한다.

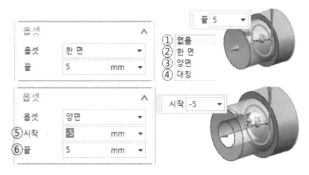

④ 대칭: 단면의 반대편에서 측정된 동일한 시작 값과 끝 값을 사용하여 돌출 특징 형상에 옵셋을 추가한다.

⑤ 시작: 단면을 기준으로 옵셋의 시작에 해당하는 값을 지정할 수 있다.

⑥ 끝: 단면을 기준으로 옵셋의 끝에 해당하는 값을 지정할 수 있다.

7) 설정

① 바디 유형: 돌출 특징 형상의 솔리드 또는 시트 바디를 지정할 수 있다.

② 공차: 기본값과 다른 거리 공차를 지정할 수 있다.

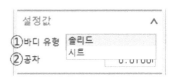

2.3.4 회전(Revolve)

선택한 프로파일 영역을 축을 중심으로 회전시켜 둥근 특징 형상을 생성한다.

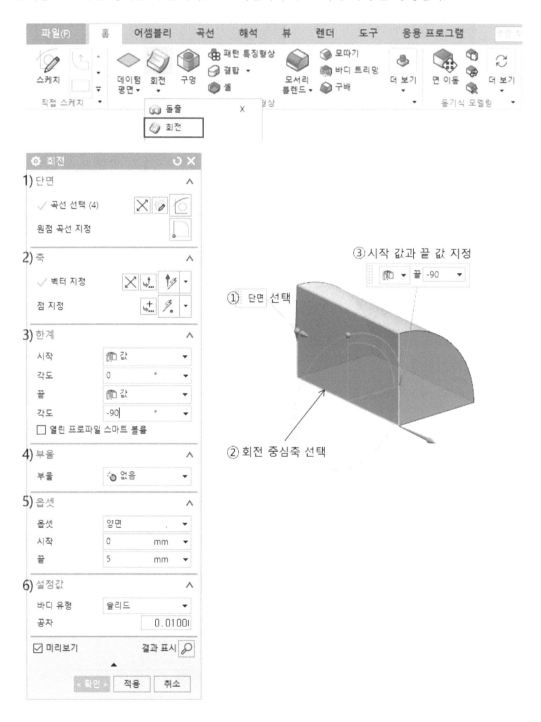

1) 단면

• 단면에는 하나 이상의 열리거나 닫힌 곡선 또는 모서리가 선택될 수 있다. 곡선, 모서리, 스케치 또는 면을 선택하여 단면을 정의할 수 있다.

2) 축

• 회전축을 선택하여 회전 특징 형상의 위치를 지정할 수 있다. 회전축은 단면 곡선과 교차하면 안 되지만 모서리와는 일치할 수 있다.
• 벡터 지정: 곡선 또는 모서리를 선택하거나 벡터 생성자 또는 벡터 지정자로 벡터를 정의할 수 있다. 그리고 축 및 회전 방향을 반전할 수 있다.
• 점 지정: 축 벡터의 위치를 지정할 수 있다.

3) 한계

• 시작과 끝 한계는 회전축을 중심으로 0~360도까지 회전의 반대쪽 끝을 나타낸다.
• 시작/끝: 각도 값을 지정하거나 회전이 시작되고 끝나는 면을 지정할 수 있다.
• 각도: 시작 또는 끝 한계가 값으로 설정되어 있는 경우 표시된다.

4) 부울

• 돌출 특징 형상의 부울과 동일하게 회전 특징 형상이 접촉한 바디와 상호작용하는 방법을 부울 옵션을 사용하여 지정할 수 있다.

5) 옵셋

• 단면의 한쪽 또는 양쪽에 옵셋을 추가하는 동안 솔리드 바디를 생성하려면 이 옵션을 사용한다.
• 옵션-없음: 회전 단면에 옵셋을 추가하지 않는다.
• 옵션-양면: 회전 단면의 한쪽 또는 양쪽에 옵셋을 추가한다.
• 시작/끝: 옵셋의 선형 치수 시작 및 끝점 값을 입력할 수 있다.

| 없음 |
| 양면 |

6) 설정

• 회전 특징 형상이 솔리드 바디인지 또는 시트 바디인지 지정할 수 있다.

2.3.5 구멍(Hole)

파트 또는 어셈블리에서 일반 단순 구멍, 카운터 보어, 카운터 싱크, 드릴, 스레드 구멍과 같은 유형의 특징 형상을 작성할 수 있다.

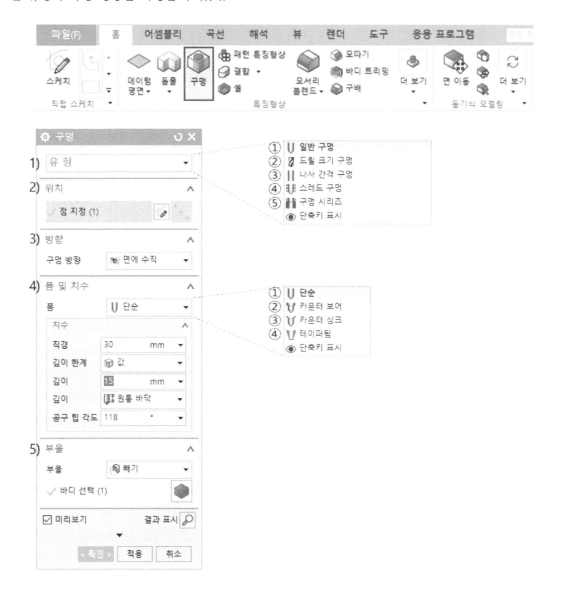

1) 유형

• 생성할 수 있는 구멍 특징 형상의 유형 리스트를 표시한다.

① 일반 구멍: 지정된 치수의 단순, 카운터 보어, 카운터 싱크 또는 테이퍼 구멍 특징 형상을 생성한다. 일반 구멍 유형은 블라인드, 통과, 선택까지 또는 다음까지이다.

② 드릴 크기 구멍: ANSI 또는 ISO 표준을 사용하여 단순 드릴 크기 구멍 특징 형상을 생성한다.

③ 나사 간격 구멍: 나사에 대한 간격 구멍과 같이 응용 프로그램에 적합하게 설계된 단순, 카운터 보어 또는 카운터 싱크 통과 구멍을 생성한다.

④ 스레드 구멍: 표준, 스레드 크기 및 반경 진입으로 치수를 정의한 스레드 구멍을 생성한다.

⑤ 구멍 시리즈: 좌표가 지정된 시작, 가운데 및 끝 구멍 치수를 사용하여 다중 형태, 다중 타겟 바디, 정렬된 구멍의 시리즈를 생성한다. JIS 표준을 사용하여 구멍 시리즈를 생성하면 치수에 해당하는 값은 JIS_B_1001_1985 표준에 따른다.

2) 위치

• 구멍 중심의 위치를 지정한다. 스케치 생성 다이얼로그에서 배치면 및 방향을 지정할 수 있다. 점을 클릭하고 기존 점을 사용하여 구멍의 중심을 지정할 수 있다.

3) 방향

• 구멍 방향을 지정한다. 면에 수직 옵션을 사용하여 면 법선의 반대 방향으로 구멍을 정의할 수 있다. 그리고 벡터 방향 옵션을 사용하여 지정된 벡터를 따라 구멍 방향을 정의할 수도 있다.

4) 폼 및 치수

• 구멍 특징 형상의 모양을 지정한다.

① 단순: 직경 및 깊이를 설정하여 구멍을 작성한다.

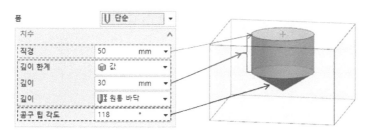

② 카운터 보어: 다음의 폼 설정 옵션을 사용하여 카운터 보어 구멍을 작성한다.

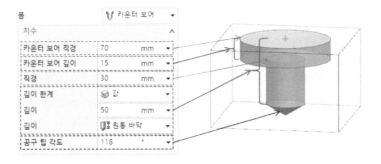

③ 카운터 싱크: 다음의 옵션을 활용하여 카운터 싱크를 생성한다.

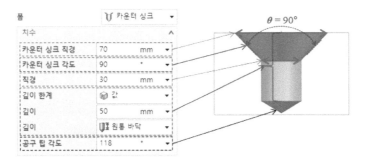

④ 데이퍼 됨: 데이퍼의 직경 및 각도와 깊이를 사용하여 테이퍼 구멍을 생성한다.

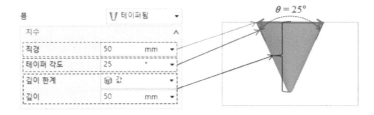

5) 부울

부울 옵션에는 없음과 빼기가 있다. 없음-옵션은 작업 파트에서 구멍 특징 형상을 빼는 대신 구멍 특징 형상의 솔리드를 생성한다. 빼기-옵션은 작업 파트 또는 컴포넌트의 타겟 바디에서 툴 바디를 뺀다.

2.3.6 모서리 블렌드(Edge Blend)

두 면이 서로 만나는 예리한 모서리에 라운딩 처리를 작성한다.

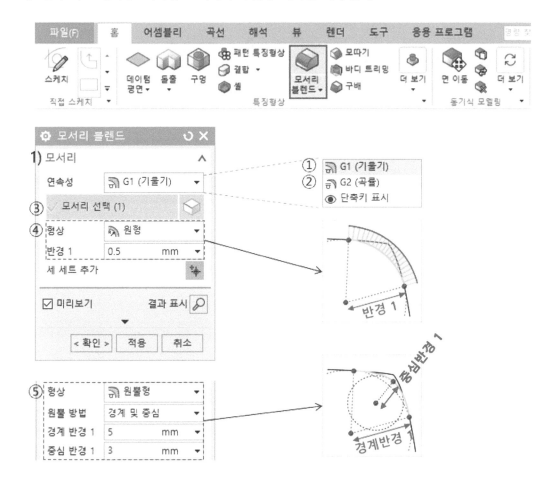

1) 모서리

① G1(기울기) - 라운드 면이 인접 면에 접하는 상태를 유지하도록 지정할 수 있다.

② G2(곡률) - 라운드 면이 인접 면과 곡률 연속이 되도록 지정할 수 있다.

③ 모서리 선택 - 다중 모서리를 선택할 수 있다.

④ 원형 - 라운드 단면의 형상을 지정할 때 원형 형상의 라운드를 제어한다. 반경 1에는 라운드 값을 입력한다.

⑤ 원뿔형 - 원뿔형 라운드를 생성할 때 사용한다. 원뿔 방법으로 경계 및 중심을 선택할 때, 경계 반경 1에는 곡선과 라운드 간의 경계에서의 반경 값을 입력하고, 중심 반경 1 에는 중심에서의 반경 값을 입력한다.

2.3.7 모따기(Chamfer)

솔리드 바디 모서리에 모따기를 한다.

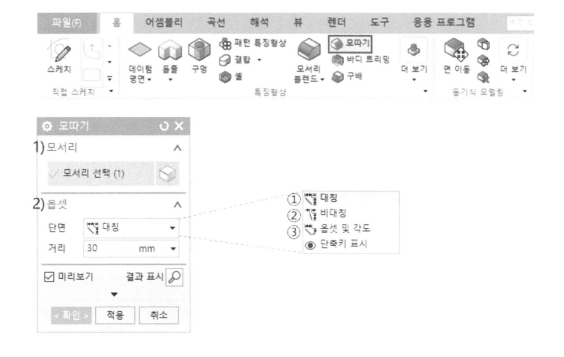

1) 모서리

• 모따기할 모서리를 하나 이상 선택한다.

2) 옵셋

• 모따기 단면의 특징 형상을 제작하기 위해 설정을 어떻게 옵셋할지를 지정한다.

① 대칭 - 선택한 모서리의 각 측면에서 동일한 옵셋 거리를 사용하여 단순 모따기를 생성한다. 거리에 모따기 값을 입력한다.

② 비대칭 - 선택한 모서리의 각 측면에서 다른 옵셋 거리를 사용하여 모따기를 생성한다. 거리 1과 거리 2에 각각의 모따기 값을 입력한다.

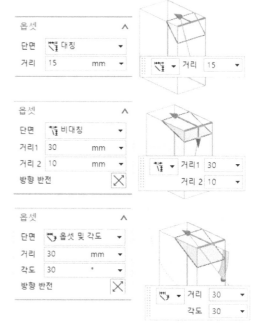

③ 옵셋 및 각도 - 단일 모따기 거리 및 각도를 사용하여 모따기를 생성한다. 거리 입력창
에 거리 값을 설정하고 각도 입력창에 옵셋 각도 값을 지정한다.

2.3.8 바디 트리밍(Trim Body)

솔리드 바디를 곡면이나 데이텀 평면으로 잘라낸다.

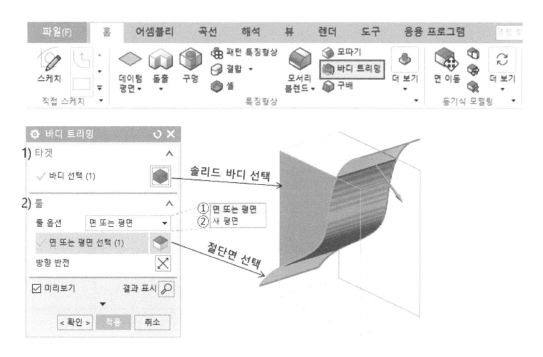

1) 타켓

• 트리밍할 솔리드 바디를 하나 이상 선택할 수 있다.

2) 툴

① 면 또는 평면 - 대상 바디를 가위질하는 데 사용할 하나 이상의 면을 기존 데이텀 평
면이나 바디에서 선택할 수 있다.

② 평면 지정 - 새 평면이 도구 옵션인 경우에만 표시된다. 대상 솔리드 바디를 가위질할
새 참조 평면을 생성할 수 있다.

2.3.9 구배(Draft)

빼기 방향을 기준으로 각도를 변경하여 면을 수정하려면 구배 명령을 사용한다.

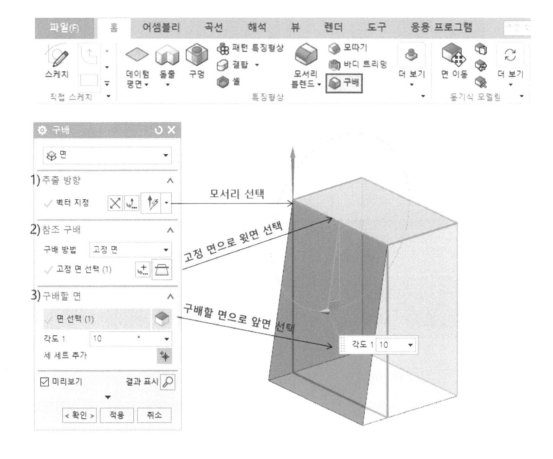

1) 추출 방향

• 추출 방향은 파트와 분리하기 위해 몰드 또는 다이를 이동하는 방향이다. NX에서는 입력 지오메트리를 기반으로 빼기 방향을 추정한다.

2) 참조 구배

• 구배에 대한 참조로 고정 면 또는 다중 면을 선택할 수 있다. 구배 면과 고정 면의 교차 곡선이 구배를 계산하는 참조로 사용된다.

3) 구배할 면

• 구배할 면을 선택하고 정의한 각 세트에 대한 구배 각도를 지정한다.

2.3.10 패턴 특징 형상(Pattern Feature)

특징 형상을 직사각형 또는 원형 패턴으로 복사하여 생성할 수 있다. 이때 패턴 경계, 인스턴스 방향, 변동을 정의하는 다양한 옵션을 사용할 수 있다.

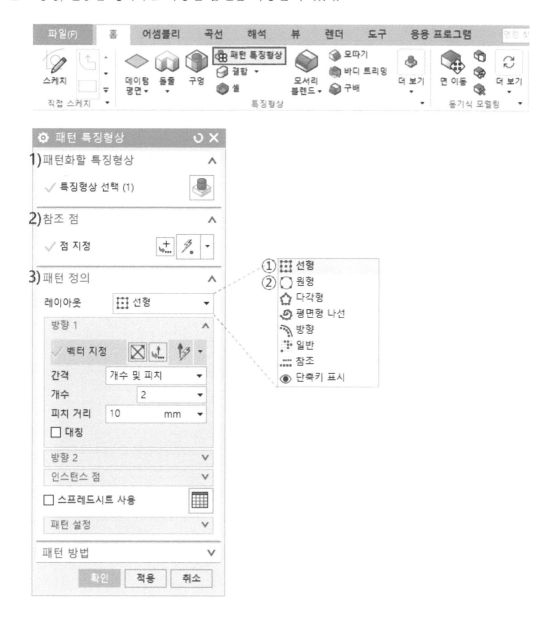

1) 패턴화할 특징 형상

• 특징 형상 선택 - 하나 이상의 특징 형상 패턴을 선택할 수 있다.

2) 참조 점

• 점 지정 - 입력 특징 형상에 대한 위치 참조 점을 지정할 수 있다.

3) 패턴 정의

• 레이아웃 - 패턴 레이아웃을 설정한다.

① 선형 - 하나 또는 두 개의 방향을 사용하여 레이아웃을 정의한다.

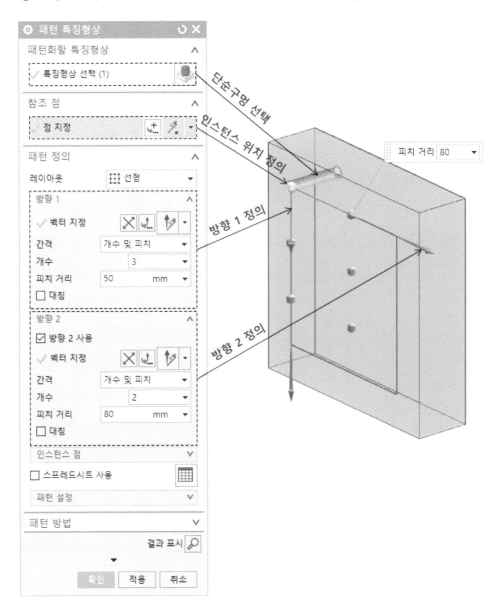

② 원형 - 회전축 및 선택적 방사형 간격 매개변수를 사용하여 레이아웃을 정의한다.

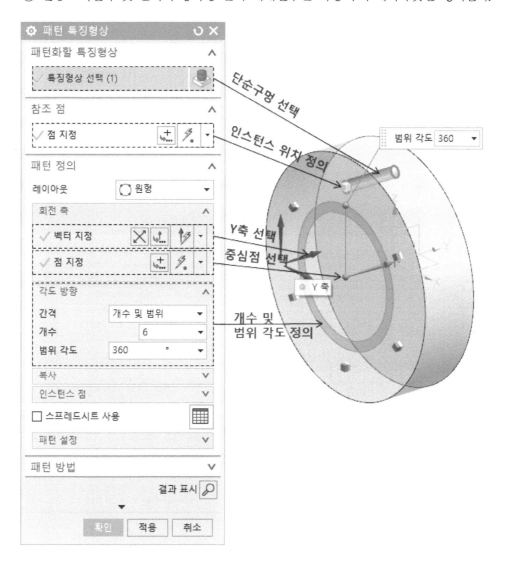

2.3.11 대칭 특징 형상(Mirror Feature)

특징 형상을 복사하여 평면을 기준으로 대칭시킨다.

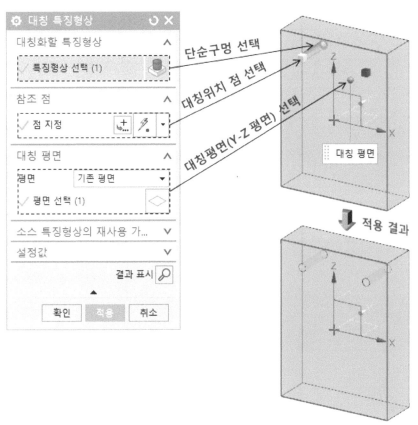

2.3.12 스레드(Thread)

솔리드 바디의 원통형 또는 구멍에 심볼 또는 상세 스레드(나사)를 생성한다.

- 외경 - 나사의 산봉우리 직경으로 바깥지름이다.
- 내경 - 나사의 골밑 직경으로 안지름을 의미한다.
- 피치 - 나사의 산봉우리와 산봉우리 간 간격 또는 나사의 골밑과 골밑 간의 거리를 의미한다.
- 각도 - 나사의 측면 사이에 포함된 각도를 나사의 축을 통해 평면에서 측정한 값이다.
- 길이 - 선택된 시작 면에서 나사 끝까지의 거리를 의미한다.

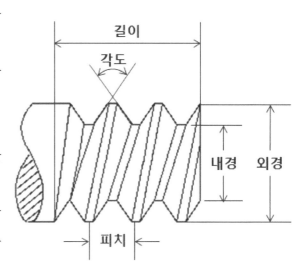

- 심볼 스레드 - 외부 스레드 테이블에서 정보를 수집하고 드래프팅과 같은 응용 프로그램에서 심볼 스레드가 인식된다. 완전 나사부를 마우스로 선택하면 NX에서 자동으로 외경을 인식하고 나머지 관련 치수 값들을 자동으로 표기해 준다. 심볼 스레드는 나사 길이의 시작 및 끝에서 파선 원으로 표시된다.

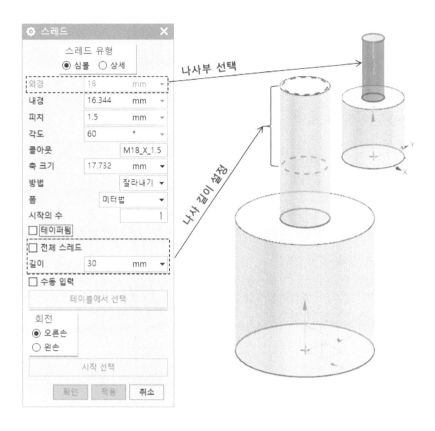

• 상세 스레드 - 실제 나사와 같은 형상 특징을 제공한다.

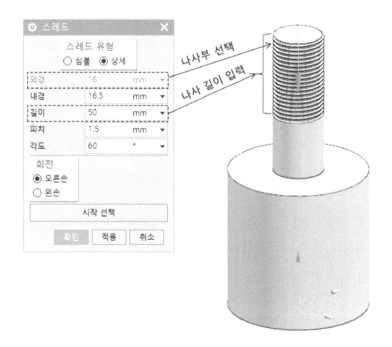

2.3.13 가이드를 따라 스위핑(Sweep along Guide)

하나의 단면 스케치가 하나의 경로 스케치를 따라가면서 특징 형상을 제작한다.

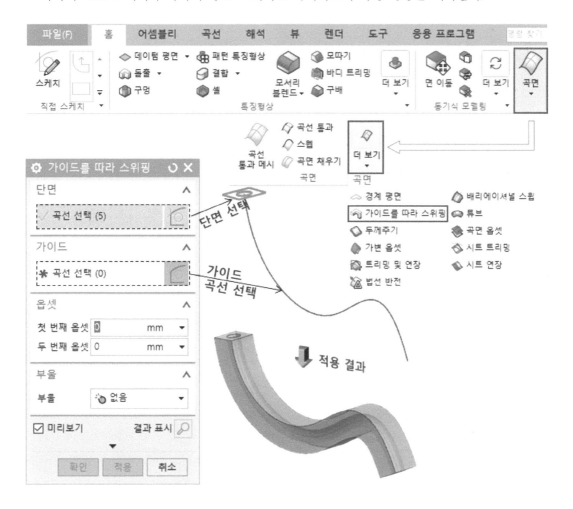

2.3.14 곡선 통과(Through Curves)

변경된 여러 단면 형상을 통과하는 솔리드 바디나 시트 바디를 생성한다.

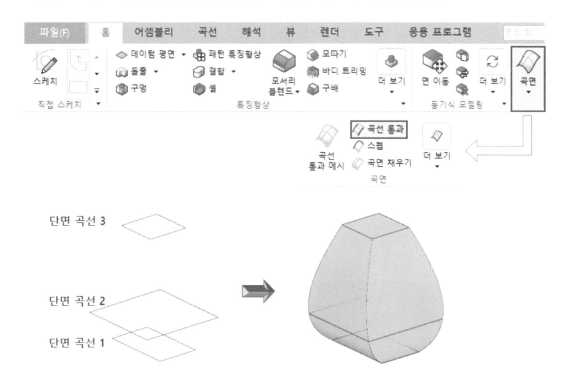

① 단면 곡선 1을 선택하고 ② 새 세트 추가를 클릭한다.

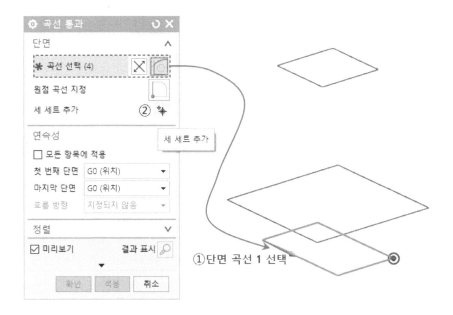

③ 단면 곡선 2를 선택하고, ④ 새 세트 추가를 클릭한다.

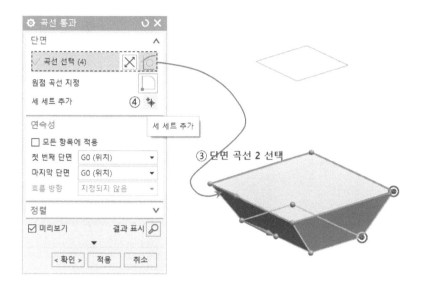

⑤ 단면 곡선 2를 선택하고, 적용을 클릭한다.

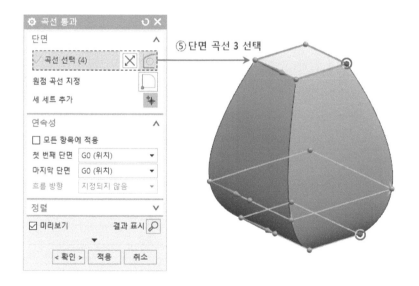

2.3.15 글자 각인(Text Engraving)

3D 모델링에 제품명 혹은 모델명을 새겨 넣어 보자. 먼저 텍스트 명령을 활용하여 3D 파트 모델의 면 위에 글자를 입력하고, 돌출 명령으로 양각(돌출) 혹은 음각(빼기)의 모델명을 파트에 각인할 수 있다.

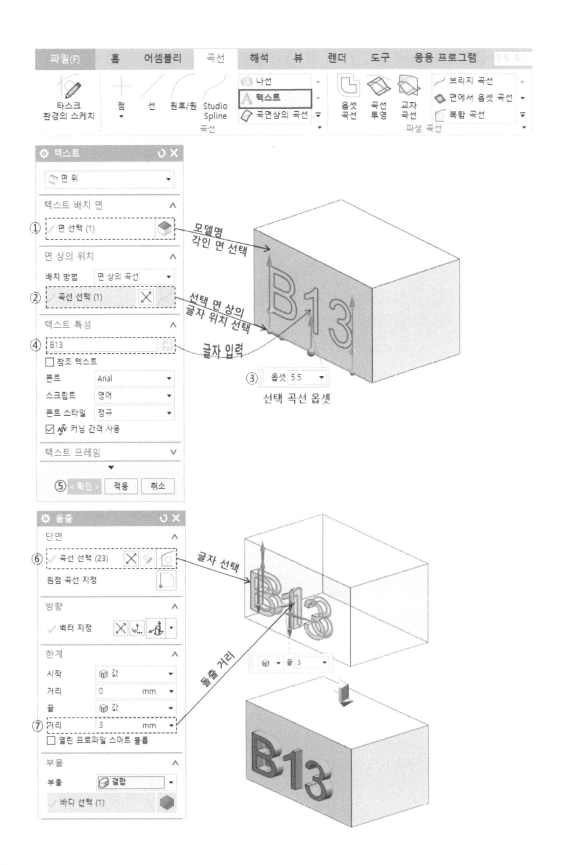

2.4 빔-엔진(Beam-Engine) 장치의 3D CAD 모델링

[표 2-4]에 나타낸 빔-엔진 장치의 조립 상태에 대한 기본적인 설계 치수들을 결정한 다음, 각 구성 부품에 대한 세부 치수를 정의하고, 3D CAD 형상 모델링 작업을 수행한다.

완성된 3D CAD 단품 모델을 활용하여 빔-엔진 장치의 부품 간 체결 상태와 동일하게 가상의 디지털 공간에서 어셈블리 작업을 진행한다. 이처럼 조립된 디지털 시제품에 기반을 둔 메카트로닉스 시뮬레이션에서 입력 회전수에 대한 시스템의 응답 특성이 요구 수준에 부합하는지에 관한 설계 검증 작업을 거쳐, 최종 설계안을 확정한다.

2.4.1 베이스 플레이트(Base Plate)

빔-엔진 장치의 구성 부품을 조립하기 위한 평판을 모델링 한다. 각 구성 부품을 육각렌치 볼트로 체결할 7개의 카운터 보어 구멍을 제작하고, 제어 장치 등의 전체 시스템이 장착될 MDF 목재 판에 직결 나사로 베이스 플레이트를 고정할 3개의 구멍을 모서리 부근에 생성한다.

그리고 피스톤의 분당 왕복 횟수를 감지하기 위한 센서가 장착될 직경 12mm의 홀을 모델링한다. 앞서 언급된 바와 같이 공압 실린더와 리밋스위치는 구매품이므로 제품 사양서를 참조하여 창작할 구멍의 크기와 위치를 결정한다.

1) 베이스 플레이트 부품도 (3D CAD 모델명: 01 Base Plate)

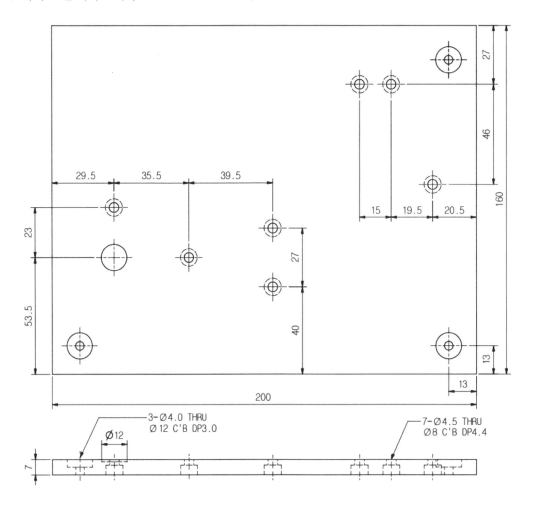

2) 베이스 플레이트 3D CAD 모델링

01. [NX 시작 화면] → [새로 만들기] 클릭

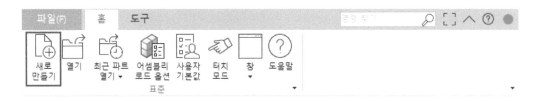

02. [새로 만들기 창] → [모델] 선택 → [파일 이름/저장 경로] 지정 → [확인] 클릭

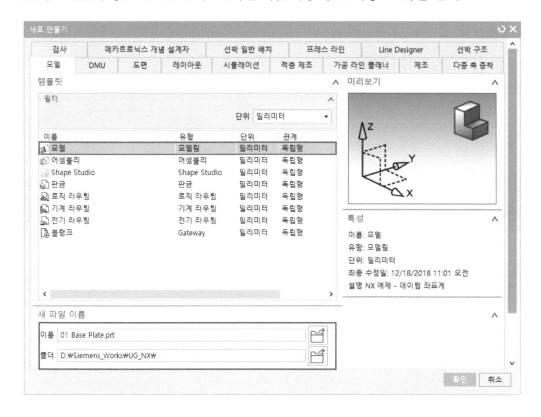

03. [스케치] 클릭 → [평면 상에서] → [추정됨] 설정 → [X-Y 평면] 클릭 → [확인]

04. [직사각형] → [중심에서] → [스케치 원점] 선택 → [폭=200/ 높이=160/ 각도=0] 클릭

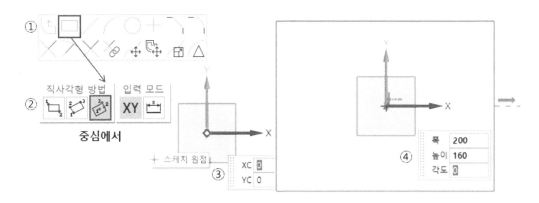

05. [스케치 종료] 클릭 → [돌출] 선택 → [단면/곡선 선택] → [윈도우 작업 화면]에서 [사각형] 클릭 → [방향/벡터 지정] (Z 축 방향)으로 지정 → [한계/시작=값, 거리=0, 끝=값, 거리=7] 설정 → [부울/추정됨] 선택 → [확인]

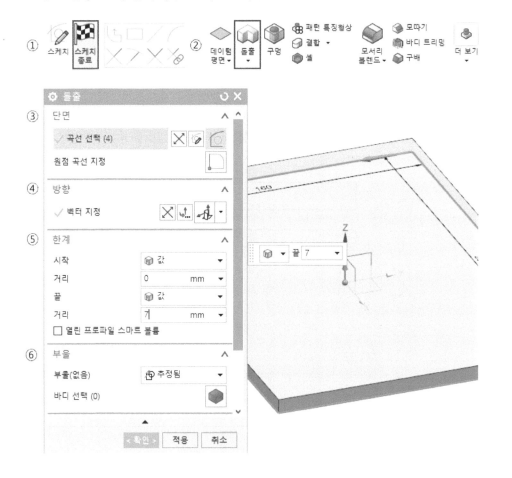

06. [스케치] 클릭 → [평면 상에서] → [추정됨] 설정 → [X-Y 평면] 클릭 → [확인]

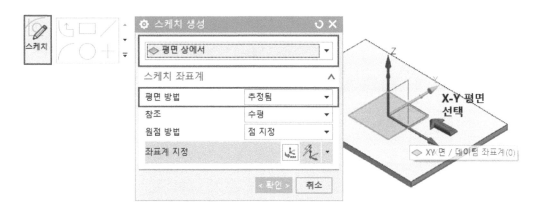

07. [스케치 점] 선택 → [윈도우 작업 화면]에서 아래 그림과 같이 7점 생성 → [급속 치수]
선택 → [윈도우 작업 화면]에서 아래 그림과 같이 치수 결정

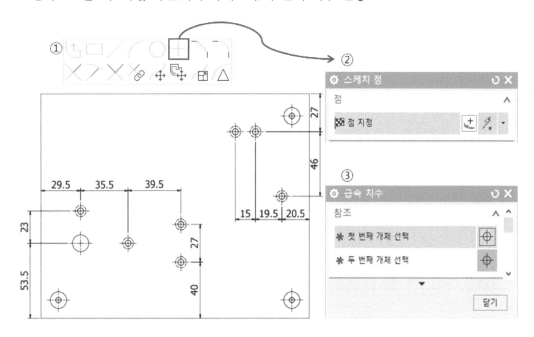

08. [구멍] 클릭 → [구멍 다이얼로그]에서 [일반 구멍] 선택 → [위치/점 지정]에서 [점] 옵션
선택 → [파트 탐색기]에서 [스케치 (3)] 클릭 → [방향/면에 수직] 선택 → [폼 및 치수/카
운터 보어] 선택 → [카운터 보어 직경=8, 카운터
보어 깊이=4.4, 직경=4.5, 깊이 한계=다음까지]
→ [부울/빼기] 선택 → [확인]

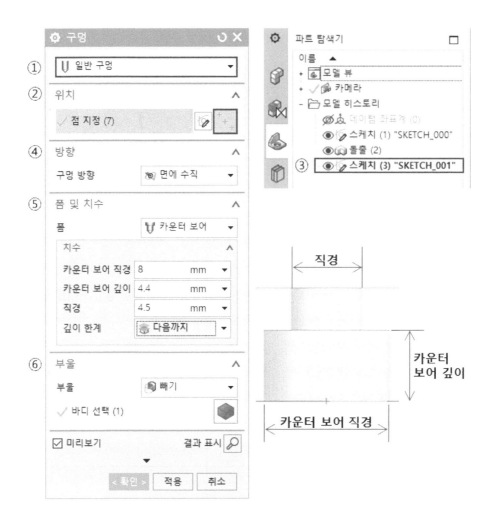

09. [스케치] 클릭 → [평면 상에서] → [추정됨] 설정 → [돌출(2)의 윗면] 선택 → [확인]

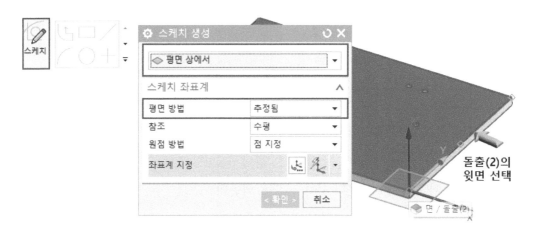

10. [원] 클릭 → [중심, 직경에 의한 원] 선택 → [원의 중심점/ 임의의 한점] 클릭 → [원의 직경=12] 입력 → [급속 치수] 클릭 → [원의 중심과 가로 선=53.5] 입력 → [원의 중심과 세로 선=29.5] 입력 → [닫기] 클릭 → [스케치 종료] 클릭

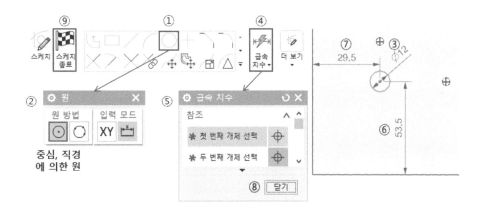

11. [돌출] 선택 → [단면/ 곡선 선택] → [윈도우 작업 화면]에서 [원] 클릭 → [방향/벡터 지정/반향 반전] 선택 → [한계/시작=값, 거리=0, 끝=값, 거리=1] 설정 → [부울/빼기] 선택 → [확인]

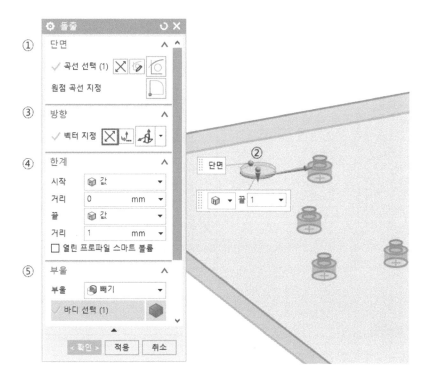

12. 베이스 플레이트를 고정할 3개의 카운터 보어 구멍을 모서리 부근에 생성한다. [카운터 보어 직경=12, 카운터 보어 깊이=3.0, 직경=4.0, 깊이 한계=다음까지]
13. 저장하기

2.4.2 기둥(Column)

빔-엔진 장치에서 크랭크의 회전운동을 오버헤드 빔이 왕복 각운동으로 변환할 수 있도록 [그림 2-11]에서와 같이 빔의 회전 중심점을 지지해 줄 수 있는 기둥 부재가 필요하다. 기둥에 대한 3D CAD 형상 모델링 작업은 다음과 같다.

1) 기둥 부품도 (3D CAD 모델명: 02 Column)

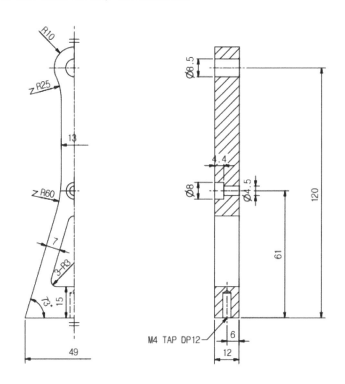

2) 기둥 3D CAD 모델링

01. [NX 시작 화면] → [새로 만들기] 클릭
02. [새로 만들기 창] → [모델] 선택 → [파일 이름/저장 경로] 지정 → [확인] 클릭

03. [스케치] 클릭 → [평면 상에서] → [추정됨] 설정 → [X-Y 평면] 클릭 → [확인]

X- Z 평면 선택

04. [직사각형] → [2점으로] → [스케치 원점] 선택 → [폭=6.5/높이=120] 클릭

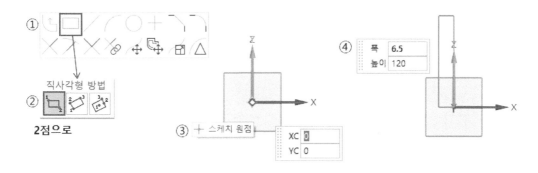

05. [원] → [중심, 직경 원] → [사각형 꼭짓점(XC=0, YC=120)] 선택 → [직경=20] 입력

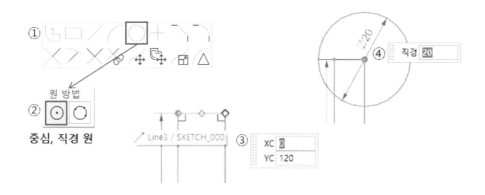

06. [프로파일 Z] → [행] → [사각형 꼭짓점(XC=-6.5, YC=0)] 선택 → [점 (길이=18, 각도=180)]
    입력 → [점 (길이=세로 선과 교차점, 각도=73)] → [확인]

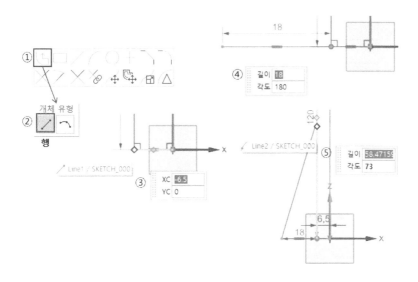

07. [빠른 연장] 클릭 → [연장할 곡선/ Line4] 선택 → [닫기]

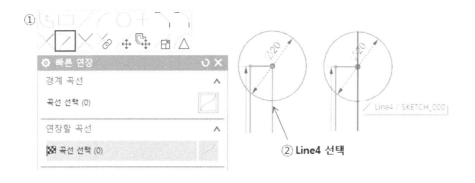

08. [빠른 트리밍] 클릭 → [트리밍할 곡선/ Arc 및 Line] 선택 → [닫기]

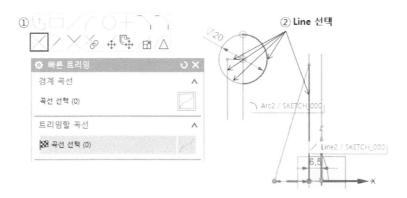

09. [직접 스케치/드롭-다운] 클릭 → [옵셋 곡선] 선택 → [곡선 선택/단일 Line6] 클릭 →
   [옵셋/거리=7] 입력 → [적용] 클릭 → [곡선 선택/단일 Line1, Line5] 클릭 → [옵셋/거리
   =15] 입력 → [확인] 클릭 → [스케치 종료] 클릭

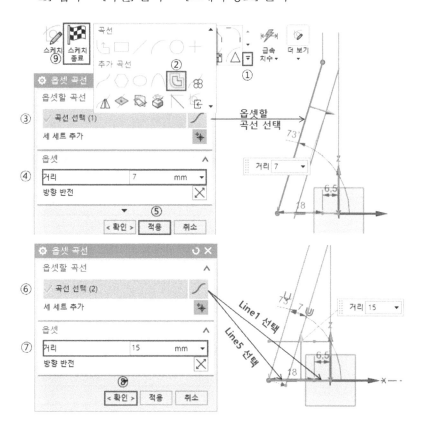

10. [빠른 트리밍] 클릭 → [트리밍할 곡선/Line] 선택 → [닫기]

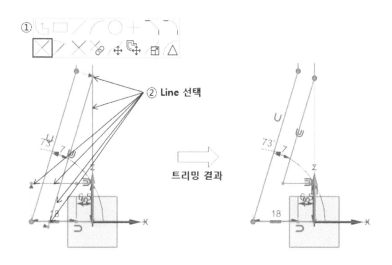

11. [돌출] 선택 → [단면/곡선 선택] → [윈도우 작업 화면]에서 [SKETCH_000] 클릭 → [한계/끝=대칭값, 거리=6] 설정 → [부울/추정됨] 선택 → [확인]

12. [더 보기] 클릭 → [대칭 지오메트리] 선택 → [개체 선택]에서 솔리드 [돌출(2)] 클릭 → [평면 지정] 설정 → [부울/추정됨] 선택 → [확인] → [결합] 클릭 → [타겟 바디] 선택 → [공구 바디] 선택 → [확인]

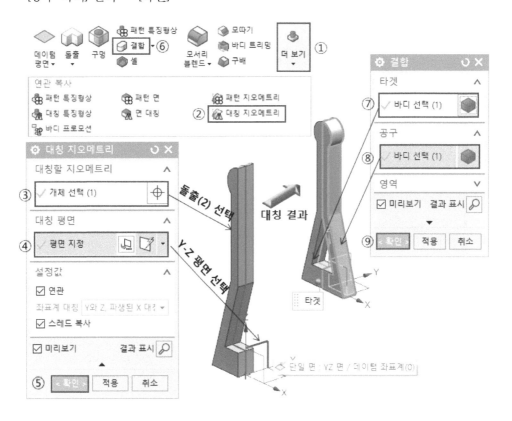

13. [모서리 블렌드] 클릭 → [모서리 선택] → [윈도우 작업 화면]에서 모서리 클릭 → [반경 1=3] 입력 → [확인] (다른 모서리도 같은 방법으로 블렌드 작업을 수행)

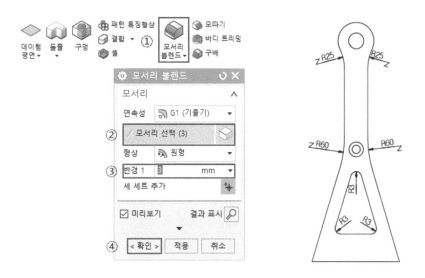

14. [구멍] 클릭 → [구멍 다이얼로그]에서 [일반 구멍] 선택 → [위치/ 점 지정]에서 [점] 옵션 선택 → [모서리] 클릭 → [폼 및 치수/단순] 선택 → [치수/직경=8.5, 깊이 한계=다음까지] → [부울/빼기] 선택 → [확인]

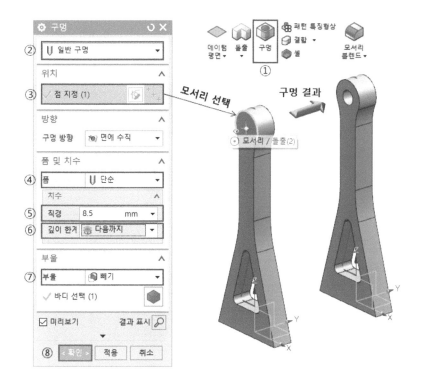

15. [스케치] 클릭 → [평면상에서] → [추정됨] 설정 → [모서리/돌출(2)] 중간점 선택 → [확인]

16. [점] 클릭 → [스케치 점/점 지정] 작업 평면에 점 생성 → [점] 선택 → [모서리/중간 점]
    선택 → [구속 조건/수직 정렬] 선택 → [급속 치수] 선택 → [첫 번째 점/두 번째 점] 선
    택 → [치수 입력=61] → [닫기]

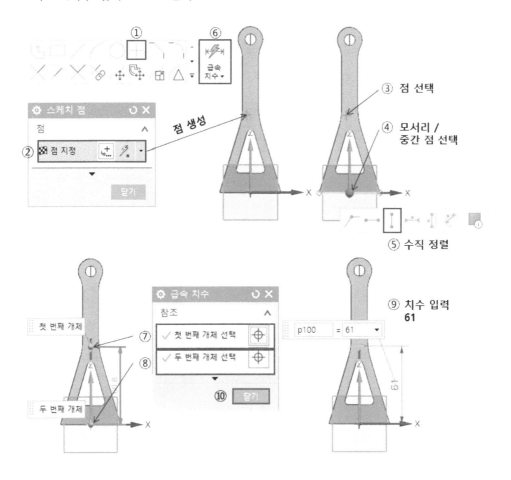

17. [구멍] 클릭 → [구멍 다이얼로그]에서 [일반 구멍] 선택 → [위치/점 지정]에서 [점] 옵션 선
    택 → [파트 탐색기]에서 [스케치 (9)] 클릭 → [방향/면에 수직] 선택 → [폼 및 치수/ 카운
    터 보어] 선택 → [카운터 보어 직경=8, 카운터 보어 깊이=4.4, 직경=4.5, 깊이 한계=다음
    까지] → [부울/ 빼기] 선택 → [확인]

18. [구멍] 클릭 → [구멍 다이얼로그]에서 [스레드 구멍] 선택 → [위치/점 지정]에서 [점] 옵션
    선택 → [작업 화면]에서 [중심점] 클릭 → [방향/면에 수직] 선택 → [스레드 치수/크기
    =M4 × 0.7, 스레드 깊이=10] → [치수/깊이 한계=값, 깊이=12, 공구 팁 각도=118] → [부
    울/ 빼기] 선택 → [확인]

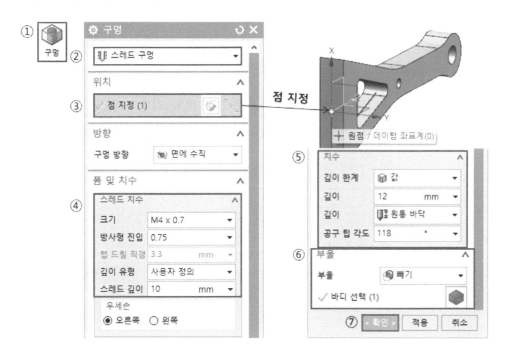

2.4.3 오버헤드 빔(Overhead Beam/Lever)

레버-크랭크 기구를 활용한 빔-엔진 장치에서 두 기둥 사이에 장착된 빔-힌지핀을 회전 중심 축으로 오버헤드 빔(레버)이 분당 54회 왕복 각운동을 할 수 있도록 제작한다. 오버헤드 빔에 대한 3D CAD 형상 모델링 작업은 다음과 같다.

1) 오버헤드 빔 부품도 (3D CAD 모델명: 03 Lever)

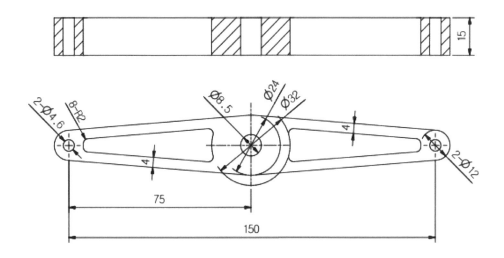

2) 오버헤드 빔 3D CAD 모델링

01. [NX 시작 화면] → [새로 만들기] 클릭

02. [새로 만들기 창] → [모델] 선택 → [파일 이름/저장 경로] 지정 → [확인] 클릭

03. [스케치] 클릭 → [평면 상에서] → [추정됨] 설정 → [X-Y 평면] 클릭 → [확인]

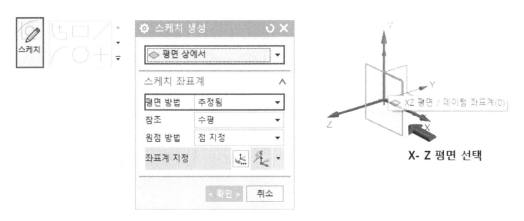

04. [선] 클릭 → [작업 화면의 임의 위치] 한 점 클릭 → [직선 생성을 위한 두 번째 점/길이
=150, 각도=0] 입력 → [선 그리기 종료/ESC 버튼] 누름 → [직선 중간 점, 스케치 원점]
클릭 → [일치 구속 조건] 클릭 → [직선] 선택 → [참조하도록 변환] 클릭

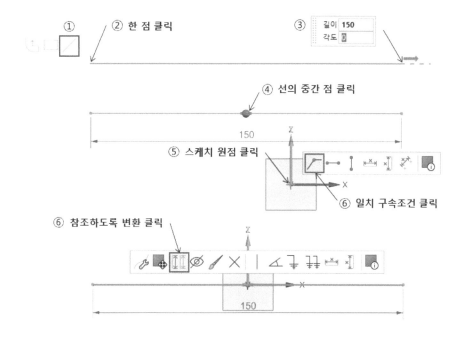

① ② 한 점 클릭 ③ 길이 150 / 각도 0

④ 선의 중간 점 클릭

150

⑤ 스케치 원점 클릭

⑥ 일치 구속조건 클릭

⑥ 참조하도록 변환 클릭

150

05. [원] → [중심, 직경 원] → [스케치 원점 (XC=0, YC=0)] 클릭 → [직경=24] 입력 → [직선
왼쪽 끝점 (XC=-75, YC=0)] 클릭 → [직경=12] 입력 → [직선 반대편 끝점] 클릭 → [원 그
리기 종료/ESC 버튼] 누름

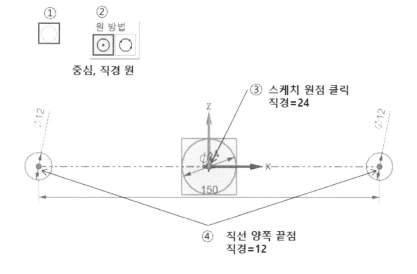

① ②
원 방법

중심, 직경 원

③ 스케치 원점 클릭
직경=24

④ 직선 양쪽 끝점
직경=12

06. [선] 클릭 → [왼쪽 원(곡선상의 점)] 클릭 → [중심 원(곡선상의 점)] 클릭 → [나머지 3개
　　의 선을 그림과 같이 생성] → [선 그리기 종료/ESC 버튼] 누름

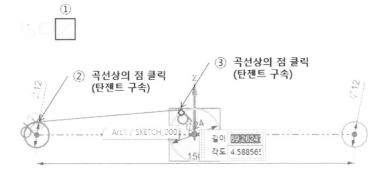

07. [직접스케치/드롭-다운] 클릭 → [옵셋 곡선] 선택 → [곡선 선택/단일 Line3] 클릭 → [옵
　　셋/거리=4] 입력 → [적용] 클릭 → [Line4, Line5, Line6] 옵셋 곡선 생성 → [원] → [중심
　　및 직경 원/직경=32] 입력 → [종료/ESC 버튼] 누름

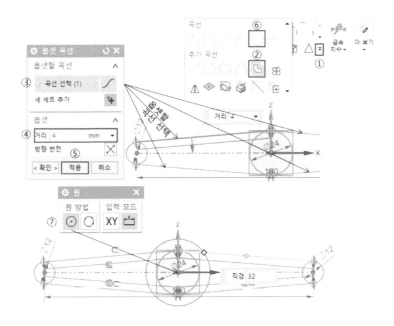

08. [빠른 트리밍] 클릭 → [트리밍할 곡선/ Line] 선택 → [닫기]

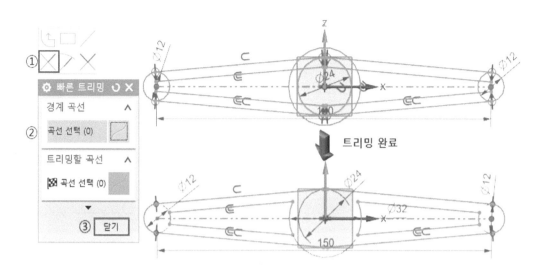

09. [원] → [중심, 직경 원] → [원점 (XC=0, YC=0)] 클릭 → [직경=8.5] 입력 → [직선 왼쪽 끝
점 (XC=-75, YC=0)] 클릭 → [직경=4.6] 입력 → [직선 반대편 끝점] 클릭 → [원 그리기
종료/ESC 버튼] 누름 → [스케치 종료] 클릭

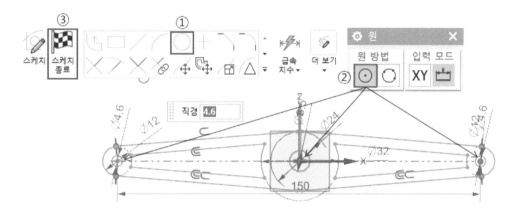

10. [돌출] 선택 → [단면/ 곡선 선택] → [윈도우 작업 화면]에서 [SKETCH_000] 클릭 → [한
    계/ 끝=대칭 값, 거리=6] 설정 → [부울/추정됨] 선택 → [확인]

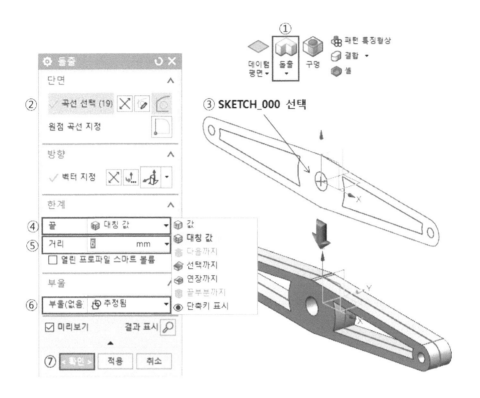

11. [모서리 블렌드] 클릭 → [모서리 블렌드 다이얼로그]에서 [모서리 선택/윈도우 작업 화면
    에서 모서리 8개] 클릭 → [반경 1=2] 입력 → [확인]

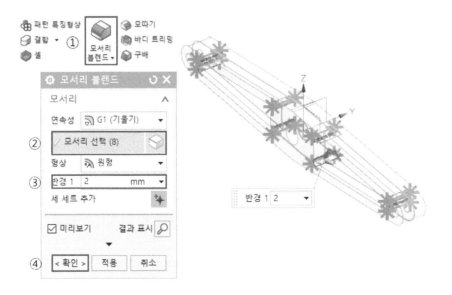

3) 빔-힌지핀 부품도 (3D CAD 모델명: 04 Hinge Pin)

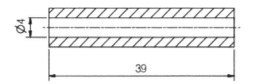

2.4.4 실린더 (Cylinder)

실린더는 실린더-튜브와 실린더-커버 및 피스톤과 피스톤 축으로 구성된다. 그리고 빔-힌지핀을 중심으로 왕복 각운동을 하는 오버헤드 빔과 실린더의 피스톤 축 사이에 피스톤 로드가 연결되어 오버헤드 빔의 왕복 각운동을 피스톤의 왕복 직선운동으로 변환시켜 준다.

이러한 피스톤이 더욱더 안정적인 수직 왕복운동을 할 수 있도록 피스톤-지지 빔이 피스톤 축의 직선운동을 안내하는 역할을 하고, 피스톤-지지 로드는 이러한 피스톤 축이 정확한 위치에 고정될 수 있도록 고정 지지대 역할을 한다.

1) 실린더-튜브 부품도 (3D CAD 모델명: 05 Cylinder Tube)

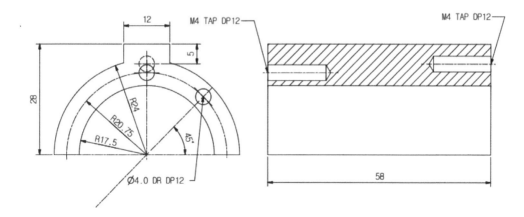

2) 실린더-커버 부품도 (3D CAD 모델명: 06 Cylinder Cover)

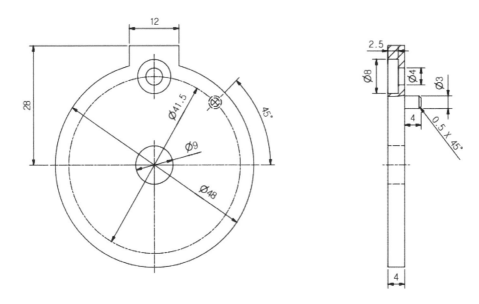

3) 피스톤 부품도 (3D CAD 모델명: 07 Piston)

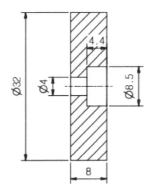

4) 피스톤 축 부품도 (3D CAD 모델명: 08 Piston Shaft)

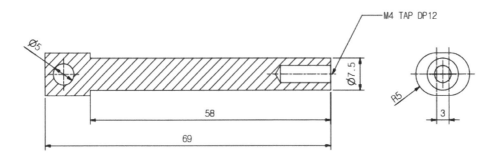

5) 피스톤-로드 부품도 (3D CAD 모델명: 09 Piston Rod)

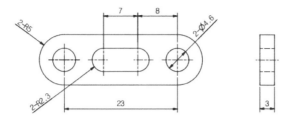

6) 피스톤-지지대 부품도 (3D CAD 모델명: 10 Piston Support Rod)

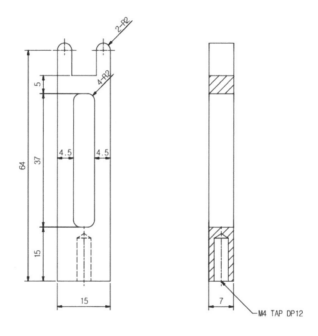

7) 피스톤-지지 빔 부품도 (3D CAD 모델명: 11 Piston Support Beam)

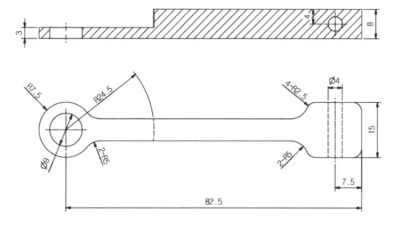

2.4.5 크랭크(Crank)

빔-엔진 장치에서 DC 모터의 회전 rpm이 기어를 거쳐 크랭크에 전달되고, 크랭크와 오버헤드 빔 사이에 크랭크 로드가 장착되어 크랭크의 회전운동을 오버헤드 빔의 왕복 각운동으로 변환시켜 준다.

크랭크 부싱은 좌측과 우측의 크랭크 로드 사이에 장착되어 크랭크 핀의 축을 받쳐 주고 크랭크 로드가 원활하게 운동할 수 있도록 도와준다. 그리고 크랭크 롤러는 크랭크와 종동기어가 체결용 볼트에 의해 일체형으로 조립되기 전에 크랭크 회전축과 헐거운 끼워 맞춤으로 조립되어 크랭크와 크랭크 지지대 사이에 장착되는 부품으로 크랭크가 원활하게 회전운동을 할 수 있도록 도와준다.

1) 크랭크 부품도 (3D CAD 모델명 : 12 Crank)

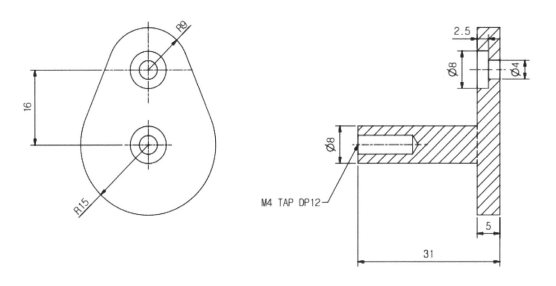

2) 크랭크 3D CAD 모델링

01. [NX 시작 화면] → [새로 만들기] 클릭

02. [새로 만들기 창] → [모델] 선택 → [파일 이름/저장 경로] 지정 → [확인] 클릭

03. [스케치] 클릭 → [평면 상에서] → [추정됨] 설정 → [X-Y 평면] 클릭 → [확인]

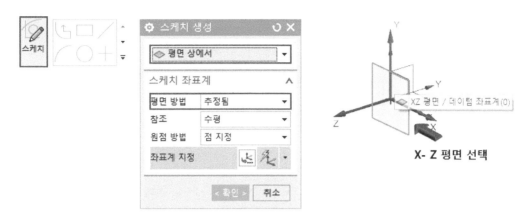

X- Z 평면 선택

04. [선] 클릭 → [작업 화면의 임의 위치] 한 점 클릭 → [직선 생성을 위한 두 번째 점/ 길이
=16, 각도=90] 입력 → [선 그리기 종료/ESC 버튼] 누름 → [직선 시작점, 스케치 원점] 클
릭 → [일치 구속 조건] 클릭 → [직선] 선택 → [참조하도록 변환] 클릭

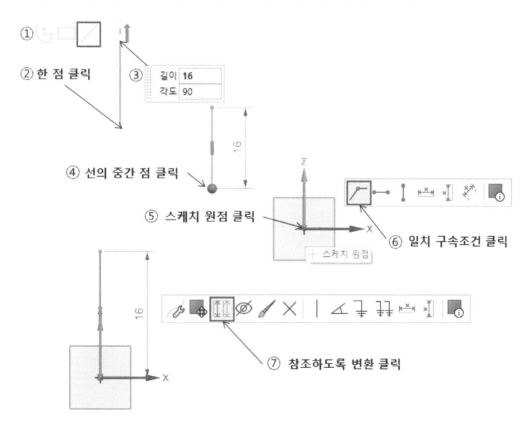

① ② 한 점 클릭 ③ 길이 16 각도 90

④ 선의 중간 점 클릭

⑤ 스케치 원점 클릭

⑥ 일치 구속조건 클릭

⑦ 참조하도록 변환 클릭

05. [원] → [중심, 직경 원] → [직선 끝점 (XC=0, YC=16)] 클릭 → [직경=18] 입력 → [스케치 원점 (XC=0, YC=0)] 클릭 → [직경=30] 입력 → [원 그리기 종료/ESC 버튼] 누름

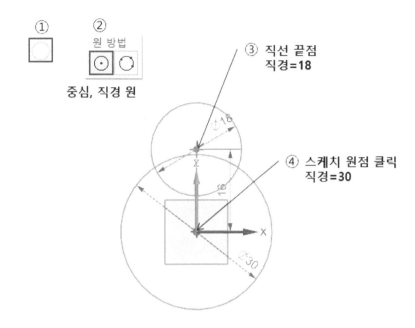

06. [선] 클릭 → [작은 원(곡선상의 점)] 클릭 → [큰 원(곡선상의 점)] 클릭 → [나머지 1개의 선을 그림과 같이 생성] → [선 그리기 종료/ESC 버튼] 누름

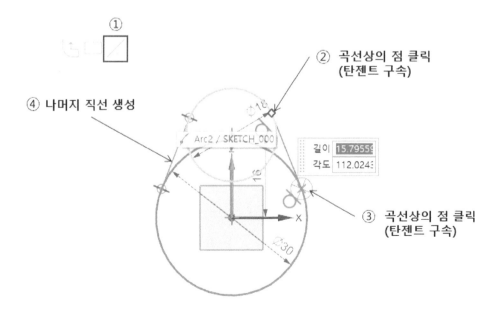

07. [빠른 트리밍] 클릭 → [트리밍할 곡선/ Line] 선택 → [닫기] → [스케치 종료]

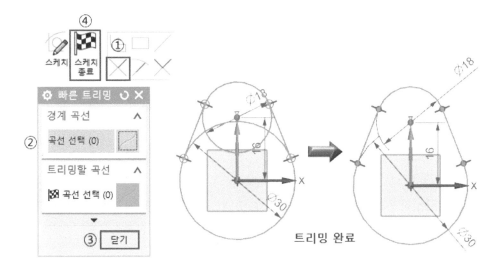

트리밍 완료

08. [돌출] 선택 → [단면/곡선 선택] → [윈도우 작업 화면]에서 [SKETCH_000] 클릭 → [한
계/ 끝=대칭 값, 거리=6] 설정 → [부울/추정됨] 선택 → [확인]

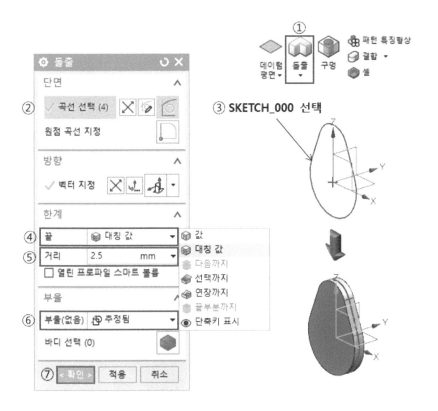

③ SKETCH_000 선택

09. [스케치] 클릭 → [평면 상에서] → [추정됨] 설정 → [면/ 돌출(2)] 평면 클릭 → [확인]

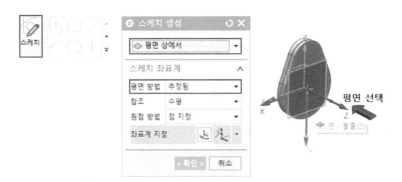

10. [원] → [중심, 직경 원] → [스케치 원점 (XC=0, YC=0)] 클릭 → [직경=8] 입력 → [원 그리기 종료/ESC 버튼] 누름 → [스케치 종료] 클릭

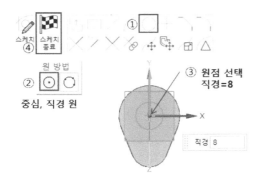

11. [돌출] 선택 → [단면/곡선 선택] → [윈도우 작업 화면]에서 [SKETCH_001] 클릭 → [한계/끝=대칭 값, 거리=26] 설정 → [부울/ 결합] 선택 → [확인]

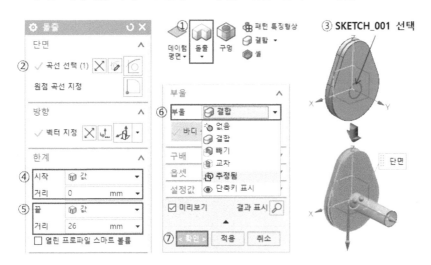

12. [구멍] 클릭 → [구멍 다이얼로그]에서 [일반 구멍] 선택 → [위치/점 지정]에서 [점] 옵션
    선택 → [작업 화면]에서 [모서리] 클릭 → [방향/면에 수직] 선택 → [폼 및 치수/카운터
    보어] 선택 → [카운터 보어 직경=8, 카운터 보어 깊이=2.5, 직경=4, 깊이 한계=다음까지]
    → [부울/ 빼기] 선택 → [확인]

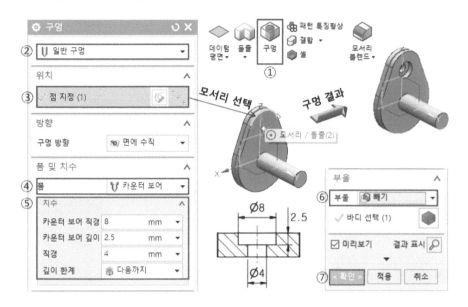

13. [구멍] 클릭 → [구멍 다이얼로그]에서 [스레드 구멍] 선택 → [위치/점 지정]에서 [점] 옵션
    선택 → [작업 화면]에서 [중심점] 클릭 → [방향/ 면에 수직] 선택 → [스레드 치수/ 크기
    =M4 × 0.7, 스레드 깊이=10] → [치수/깊이 한계=값, 깊이=12, 공구 팁 각도=118] → [부
    울/ 빼기] 선택 → [확인]

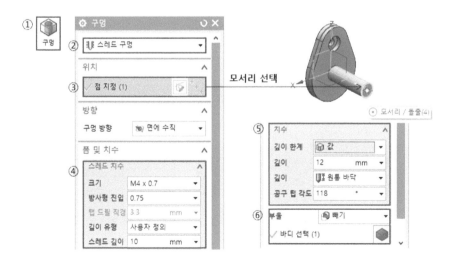

3) 크랭크-로드 부품도 (모델명: 13 Crank Rod)

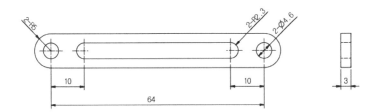

4) 크랭크-롤러/크랭크-부싱 부품도 (모델명: 14 Crank Roller/ 15 Crank Bushing)

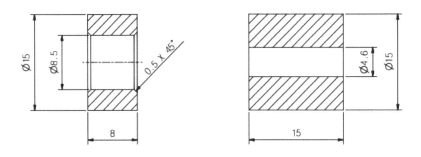

5) 크랭크-지지대 부품도 (모델명: 16 Crank Support)

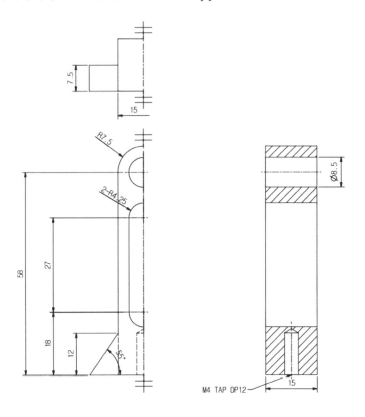

2.4.6 기어(Gear)

본 교재의 빔-엔진 장치에서 동력원은 DC 모터이다. 주어진 DC 모터의 회전수 162rpm이 기어를 통해 크랭크에 전달되고, 크랭크 로드를 거쳐 레버가 분당 54회 왕복 각운동할 수 있도록 종동기어와 원동기어를 설계하여야 한다.

이처럼 입력 회전수 162rpm을 크랭크에 54rpm으로 감속시켜 전달할 수 있도록 원동기어와 종동기어에 대한 세부 치수를 [표 2-2]와 같이 결정하였다.

본 교과 과정에 활용된 원동기어는 평기어이고, 종동기어는 내접기어로 구성하여 162rpm의 입력 회전수가 54rpm으로 감속되어 크랭크에 전달되도록 설계하였다.

1) 종동기어 부품도 (3D CAD 모델명: 17 Driven Gear)

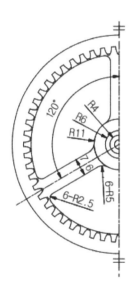
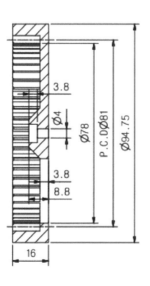

스퍼기어 요목표		
기어 치형		표준
공구	모듈	1.5
	치형	보통이
	압력각	20°
전체이높이		3.375
피치원지름		81
잇수		54
다듬질방법		호브절삭
정밀도		KS B ISO 1328

2) 종동기어 3D CAD 모델링

01. [NX 시작 화면] → [새로 만들기] 클릭

02. [새로 만들기 창] → [모델] 선택 → [파일 이름/저장 경로] 지정 → [확인] 클릭

03. [스케치] 클릭 → [평면상에서] → [추정됨] 설정 → [X-Y 평면] 클릭 → [확인]

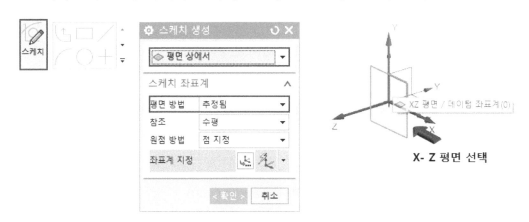

X- Z 평면 선택

04. [원] → [중심, 직경 원] → [스케치 원점 (XC=0, YC=0)] 클릭 → [직경=94.75] 입력 → [원
    그리기 종료/ESC 버튼] 누름 → [스케치 종료] 누름

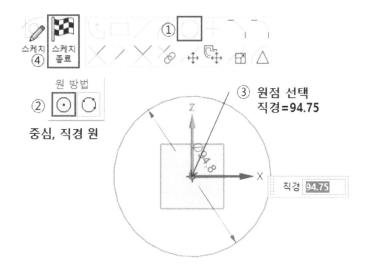

05. [돌출] 선택 → [단면/곡선 선택] → [윈도우 작업 화면]에서 [SKETCH_000] 클릭 → [한계/시작, 거리=0/끝, 거리=3.8] 설정 → [부울/추정됨] 선택 → [확인]

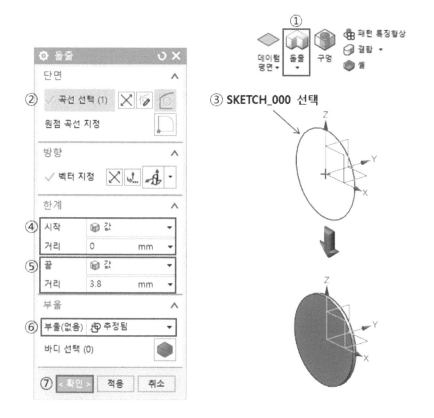

06. [스케치] → [평면상에서] → [추정됨] 설정 → [면/돌출(2)] 평면 클릭 → [확인]

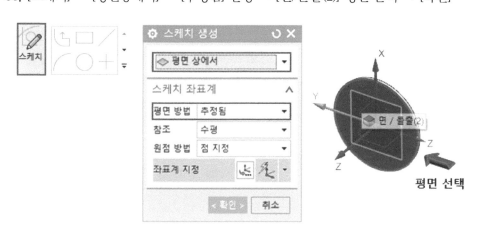

07. [원] → [중심, 직경 원] → [스케치 원점 (XC=0, YC=0)] 클릭 → [직경=84.75] 입력 → [원

그리기 종료/ESC 버튼] 누름 → [스케치 종료] 클릭

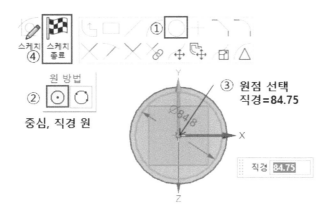

08. [돌출] 선택 → [단면/곡선 선택] → [윈도우 작업 화면]에서 [SKETCH_001] 클릭 → [한

계/ 끝=대칭 값, 거리=16-3.8] 설정 → [부울/결합] 선택 → [확인]

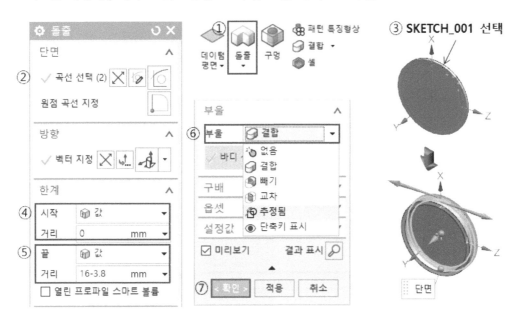

09. [스케치] → [평면상에서] → [추정됨] → [면/돌출(2)] 평면 선택 → [확인]

평면 선택

10. [원] → [중심, 직경 원] → [스케치 원점 (XC=0, YC=0)] 클릭 → [이뿌리원 지름=84.75] 입
력 → [Φ84.75의 원 그리기 종료/ESC 버튼] 누름 → [스케치 원점 (XC=0, YC=0)] 클릭
→ [피치원 지름=81] 입력 → [Φ81 원 종료/ESC 버튼] 누름 → [스케치 원점 (XC=0,
YC=0)] 클릭 → [이끝원 지름=78] → [Φ78 원 종료/ESC 버튼] 누름 → [원 그리기 종료/
ESC 버튼] 누름

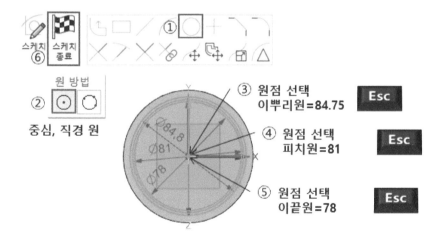

11. [이뿌리원/피치원/이끝원] 클릭 → [참조하도록 변환] 선택

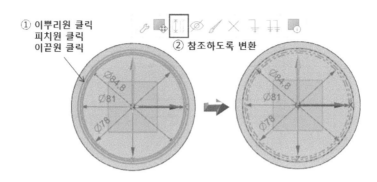

① 이뿌리원 클릭
   피치원 클릭
   이끝원 클릭

② 참조하도록 변환

12. [선] 클릭 → [직선 생성을 위한 첫 번째 점/XC=0, YC=35] 입력 → [두 번째 점/길이=10, 각도
=90] 입력 → [선 그리기 종료/ESC 버튼] 누름 → [직접 스케치/드롭-다운] 클릭 → [파생된
선] 선택 → [곡선 선택/Line1] 클릭 → [공식1=모듈(M) × 0.785, 옵셋/1.5*0.785] 입력 →
[Enter] 누름 → [Esc] 누름 → [곡선 선택/Line2] 클릭 → [공식2=모듈(M) ÷ 4, 옵셋/1.5÷4] 입
력 → [Enter] 누름 → [Esc] 누름 → [곡선 선택/Line2] 클릭 → [공식3=모듈(M) ÷ 2, 옵셋/1.5
÷2] 입력 → [Enter] 누름 → [Esc] 누름 → [Line1/2/3/4] 선택 → [참조하도록 변환] 클릭

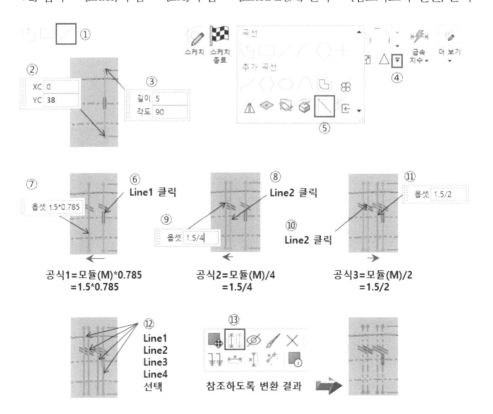

13. [원호] 클릭 → [3점에 의한 원호] → [교차/두 곡선의 교차점 선택 가능] 활성화 → (인벌 류트 곡선 생성을 위한) [첫 번째 교차점] 클릭 → [두 번째 교차점] 클릭 → [세 번째 교 차점] 클릭 → (이끝원 원호 생성을 위한) [첫 번째 교차점] 클릭 → [두 번째 교차점] 클 릭 → [세 번째 교차점] 클릭 → (이뿌리원 원호 생성을 위한) [첫 번째 교차점] 클릭 → [두 번째 교차점] 클릭 → [세 번째 교차점] 클릭 → [원호 그리기 종료/ESC 버튼] 누름

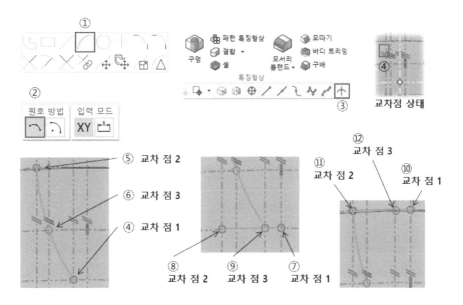

14. [직접 스케치/드롭-다운] 클릭 → [대칭 곡선] 선택 → [대칭 곡선] 다이얼로그에서 → [곡선 선택/Arc8, Arc9, Arc10] 선택 → [중심선 선택/Line5] 선택 → [확인] → [스케치 종료] 클릭

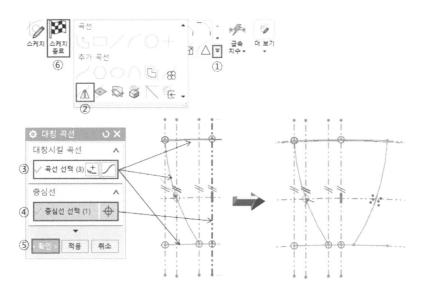

15. [돌출] 선택 → [단면/ 곡선 선택] → [윈도우 작업화면]에서 [SKETCH_002] 클릭 → [한계/ 끝=대칭 값, 거리=16-3.8] 설정 → [부울/ 결합] 선택 → [확인]

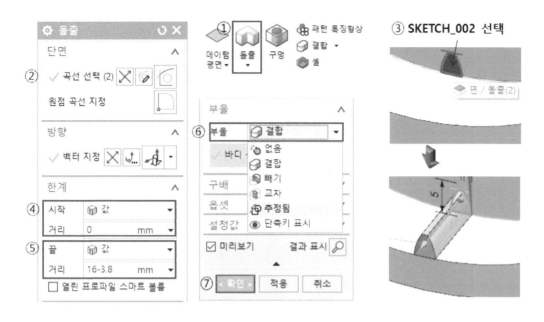

16. [모따기] 클릭 → [모따기 다이얼로그]에서 [모서리] 선택 → [옵셋/대칭, 거리=0.5] → [확인]

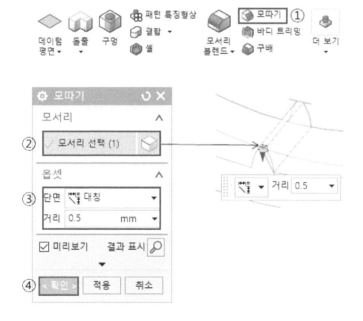

17. [패턴 특징형상] 클릭 → [패턴 특징 형상 다이얼로그]에서 [특징 형상 선택] → [모델 히스토리]에서 [돌출(6)과 모따기(7)] 선택 → [패턴 정의]에서 [레이아웃/원형] 선택 → [회전축]에서 [벡터 지정/Y축] 선택 → [점 지정/돌출(4) 모서리] 선택 → [각도 방향/ 간격=개수 및 범위, 개수=54(잇수), 범위 각도=360] → [확인]

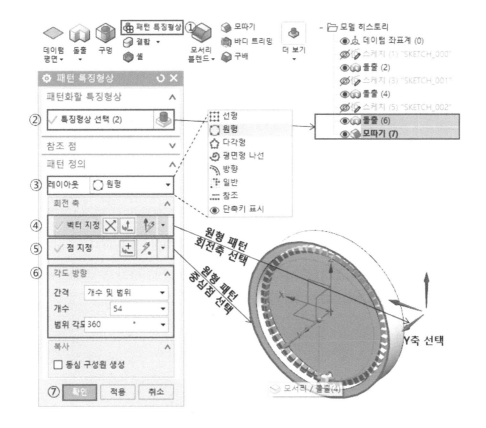

18. [스케치] → [평면 상에서] → [추정됨] → [면/돌출(2)] 평면 선택 → [확인]

평면 선택

19. [원] → [중심, 직경 원] → [스케치 원점 (XC=0, YC=0)] 클릭 → [이끝원 지름=78] 입력 → [Φ78 원 그리기 종료/ESC 버튼] 누름 → [스케치 원점 (XC=0, YC=0)] 클릭 → [지름=22] 입력 → [Φ22 원 종료/ESC 버튼] 누름 → [원 그리기 종료/ESC 버튼] 누름

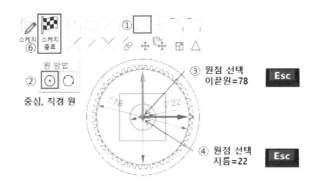

20. [선] 클릭 → [직선의 첫 번째 점/XC=0, YC=15] 입력 → [두 번째 점/길이=20, 각도=90] 입력 → [선 그리기 종료/ESC 버튼] 누름 → [직접 스케치/드롭-다운] 클릭 → [파생된 선] 선택 → [곡선 선택/Line9] 클릭 → [옵셋/7.6÷2] 입력 → [Enter] 누름 → [Esc] 누름 → [곡선 선택/Line9] 클릭 → [옵셋/7.6÷2] 입력 → [Enter] 누름 → [Esc] 누름 → [Line9] 선택 → [참조하도록 변환] 클릭

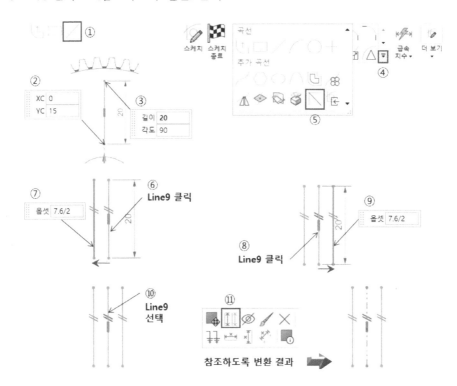

21. [직접 스케치/드롭-다운] 클릭 → [패턴 곡선] 클릭 → [패턴 곡선 다이얼로그]에서 [곡선 선택/Line10, Line11] 선택 → [패턴 정의]에서 [레이아웃/원형] 선택 → [회전점]에서 [점 지정/이끝원(Arc15)] 선택 → [각도 방향/간격=개수 및 범위, 개수=3, 범위 각도=360] → [확인]

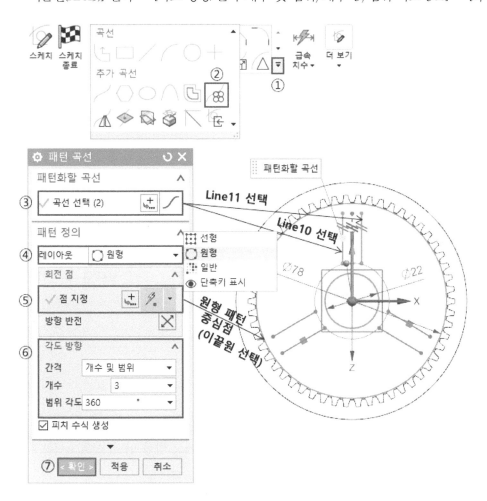

22. [빠른 연장] 클릭 → [빠른 연장 다이얼로그]에서 [곡선 선택/Line10 아래쪽 끝 부근] 클릭 → [곡선 선택/Line10 위쪽 끝 부근] 클릭 → [곡선 선택/Line11 아래쪽 끝 부근] 클릭 → [곡선 선택/Line11 위쪽 끝 부근] 클릭 → [닫기] → [빠른 트리밍] 클릭 → [빠른 트리밍 다이얼로그]에서 [곡선 선택/Line10과 Line11 직선 사이의 안쪽 원호(Arc14), 바깥쪽 원호(Arc15)] 클릭 → [곡선 선택/Line12과 Line14 직선 사이의 안쪽 원호(Arc14), 바깥쪽 원호(Arc15)] 클릭 → [곡선 선택/Line13과 Line15 직선 사이의 안쪽 원호(Arc14), 바깥쪽 원호(Arc15)] 클릭 → [닫기] → [스케치 종료] 클릭

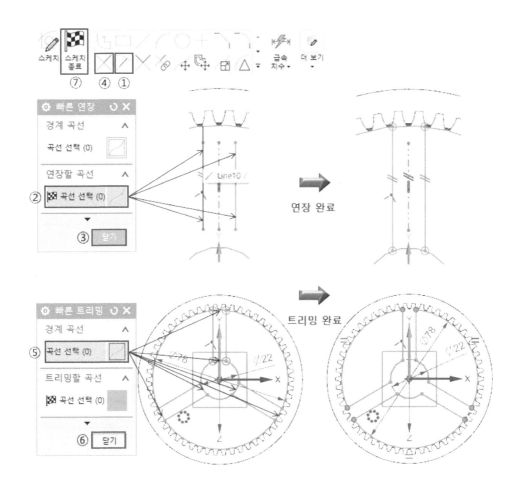

23. [돌출] 선택 → [돌출 다이얼로그]에서 [단면/ 곡선 선택] → [윈도우 작업 화면]에서
[SKETCH_003]의 단면 3개 클릭 → [방향/벡터 지정에서 방향 반전] 클릭 → [한계/시작=
값, 거리=0, 끝=다음까지] 설정 → [부울/빼기] 선택 → [확인]

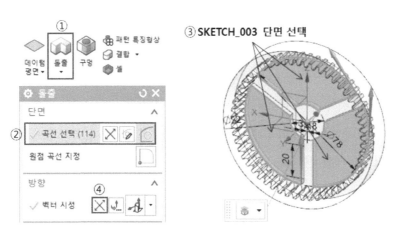

③ SKETCH_003 단면 선택

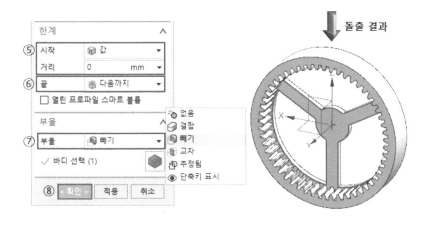

24. [스케치] → [평면상에서] → [추정됨] → [면/돌출(2) 평면 선택 → [확인]

25. [원] → [중심, 직경 원] → [스케치 원점 (XC=0, YC=0)] 클릭 → [지름=22] 입력 → [Φ22 원 그리기 종료/ESC 버튼] 누름 → [원 그리기 종료/ESC 버튼] 누름 → [스케치 종료] 클릭

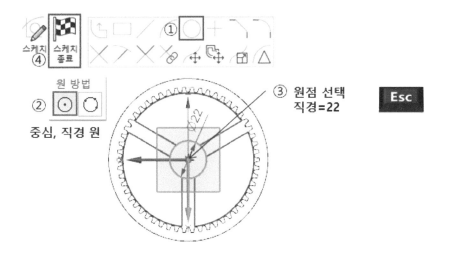

26. [돌출] 선택 → [돌출 다이얼로그]에서 [단면/ 곡선 선택] → [윈도우 작업 화면]에서 [SKETCH_004]의 단면 클릭 → [한계/시작=값, 거리=0, 끝=값, 거리=5] 설정 → [부울/ 결합] 선택 → [확인]

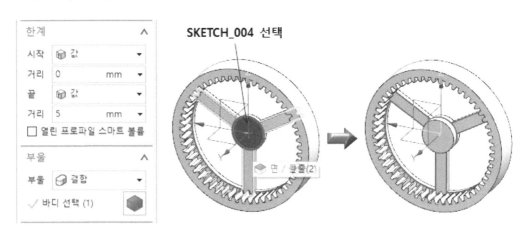

27. [모서리 블렌드] 클릭 → [모서리 블렌드 다이얼로그]에서 [모서리 선택/윈도우 작업 화면에서 바깥쪽 모서리 6개] 클릭 → [형상/원형, 반경 1=2.5] 입력 → [적용] → [모서리 선택/ 윈도우 작업 화면에서 안쪽 모서리 6개] 클릭 → [형상/원형, 반경 1=5] 입력 → [확인]

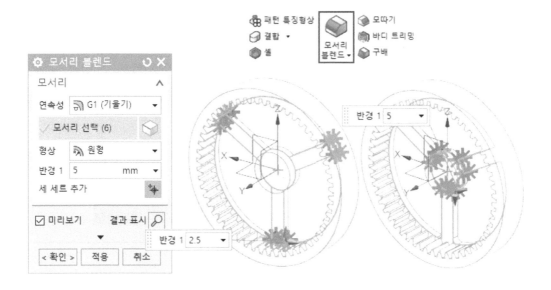

28. [모따기] 클릭 → [모따기 다이얼로그]에서 [모서리 선택/
윈도우 작업 화면에서 모서리 1개] 클릭 → [옵셋/단면=
대칭, 거리=5] 입력 → [확인]

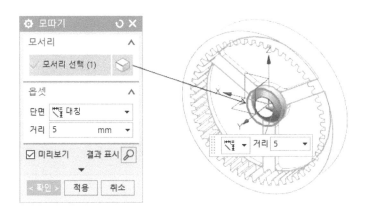

29. [구멍] 클릭 → [구멍 다이얼로그]에서 [일반 구멍] 선택 → [위치/점 지정]에서 [점] 옵션
선택 → [작업 화면]에서 [모서리] 클릭 → [방향/면에 수직] 선택 → [폼 및 치수/카운터
보어] 선택 → [카운터 보어 직경=8, 카운터 보어 깊이=3.8, 직경=4, 깊이 한계=다음까지]
→ [부울/빼기] 선택 → [확인]

3) 원동기어 부품도 (모델명: 18 Driver Gear)

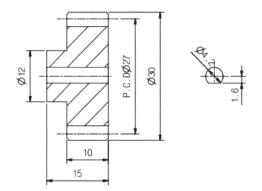

스퍼기어 요목표		
기어 치형		표준
공 구	모듈	1.5
	치형	보통이
	압력각	20˚
전체이높이		3.375
피치원지름		27
잇 수		18
다듬질방법		호브절삭
정밀도		KS B ISO 1328

4) 원동기어 3D CAD 모델링

01. [NX 시작 화면] → [새로 만들기] 클릭

02. [새로 만들기 창] → [모델] 선택 → [파일 이름/저장 경로] 지정 → [확인] 클릭

03. [스케치] 클릭 → [평면상에서] → [추정됨] 설정 → [Y-Z 평면] 클릭 → [확인]

04. [직사각형] → [2점으로] → [1점 입력 (XC=-7.5, YC=0), Enter] → [2점 입력(폭=15, 높이
=2.1), Enter] → [2점 부근 임의 위치] 클릭

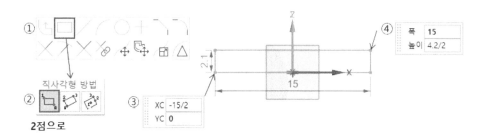

05. 두 번째 4각형 그리기 [1점 클릭 (XC=-7.5, YC=2.1)] → [2점 입력 (폭=15, 높이=3.9), Enter] → [2점 부근 임의 위치] 클릭 → 세 번째 4각형 그리기 [1점 클릭 (XC=-7.5, YC=6)] → [2점 입력 (폭=10, 높이=5.625), Enter] → [2점 부근 임의 위치] 클릭→ [사각형 그리기 종료 / Esc] 누름

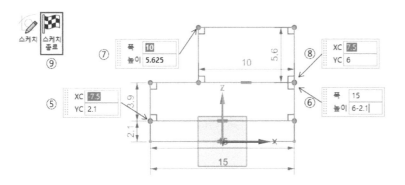

06. [설계 특징 형상 드롭다운] → [회전] → [회전 다이얼로그] → [단면/곡선 선택]에서 단면 2, 단면3 선택 → [축/벡터 지정]에서 Line1 선택 → [한계/시작=값, 각도=0, 끝=값, 각도 =360] 입력 → [확인]

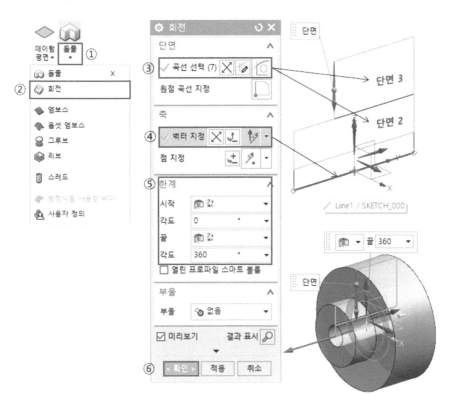

07. [스케치] → [평면상에서] → [추정됨] → [면/회전(2)] 평면 선택 → [확인]

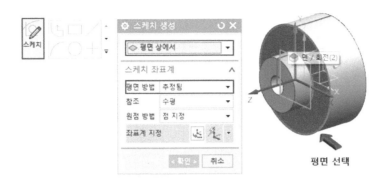

08. [원] → [중심, 직경 원] → [스케치 원점 (XC=0, YC=0)] 클릭 → [이뿌리원 지름=23.25 입력, Enter] → [Φ23.25 원 종료/ESC 버튼] 누름 → [스케치 원점 (XC=0, YC=0)] 클릭 → [피치원 지름=27 입력, Enter] → [Φ27 원 종료/ESC 버튼] 누름 → [스케치 원점 (XC=0, YC=0)] 클릭 → [이끝원 지름=30 입력, Enter] → [Φ30 원 종료/ESC 버튼] 누름 → [원 그리기 종료/ESC 버튼] 누름

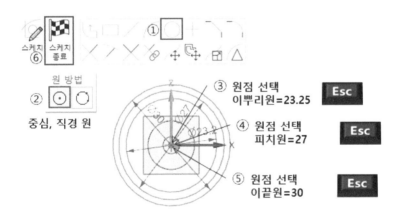

09. [이뿌리원/피치원/이끝원] 클릭 → [참조하도록 변환] 선택

10. [선] 클릭 → [직선 생성을 위한 첫 번째 점/XC=0, YC=10] 입력 → [두 번째 점/길이=6, 각도=90] 입력 → [선 그리기 종료/ESC 버튼] 누름 → [직접스케치/드롭-다운] 클릭 → [파생된 선] 선택 → [곡선 선택/Line1] 클릭 → [공식1=모듈(M) × 0.785, 옵셋/1.5*0.785] 입력 → [Enter] 누름 → [Esc] 누름 → [곡선 선택/Line2] 클릭 → [공식2=모듈(M)÷4, 옵셋/1.5÷4] 입력 → [Enter] 누름 → [Esc] 누름 → [곡선 선택/Line2] 클릭 → [공식3=모듈(M)÷2, 옵셋/1.5÷2] 입력 → [Enter] 누름 → [Esc] 누름 → [Line1/2/3/4] 선택 → [참조하도록 변환] 클릭

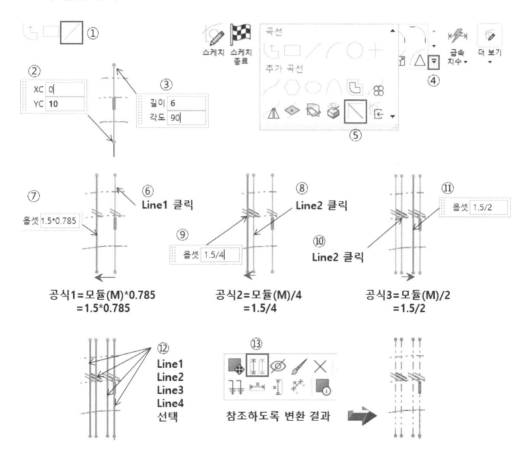

11. [원호] 클릭 → [3점에 의한 원호] → [교차/두 곡선의 교차점 선택 가능] 활성화 → (인벌류트 곡선 생성을 위한) [첫 번째 교차점] 클릭 → [두 번째 교차점] 클릭 → [세 번째 교차점] 클릭 → (이끝원 원호 생성을 위한) [첫 번째 교차점] 클릭 → [두 번째 교차점] 클릭 → [세 번째 교차점] 클릭 → (이뿌리원 원호 생성을 위한) [첫 번째 교차점] 클릭 → [두 번째 교차점] 클릭 → [세 번째 교차점] 클릭 → [원호 그리기 종료/ESC 버튼] 누름

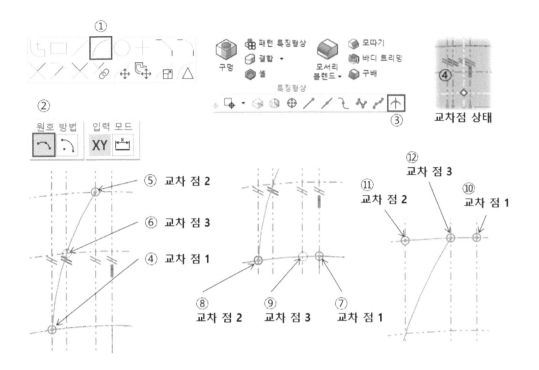

12. [직접 스케치/드롭-다운] 클릭 → [대칭 곡선] 선택 → [대칭 곡선] 다이얼로그에서 → [곡선 선택/Arc4, Arc5, Arc6] 선택 → [중심선 선택/Line17] 선택 → [확인] → [스케치 종료] 클릭

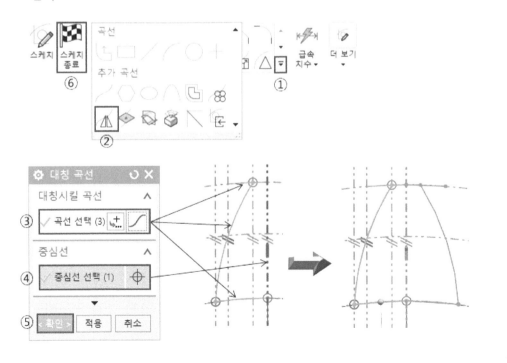

13. [돌출] 선택 → [단면/곡선 선택] → [윈도우 작업 화면]에서 [SKETCH_001] 단면 클릭 →
    [한계/끝=대칭값, 거리=10] 설정 → [부울/결합] 선택 → [확인]

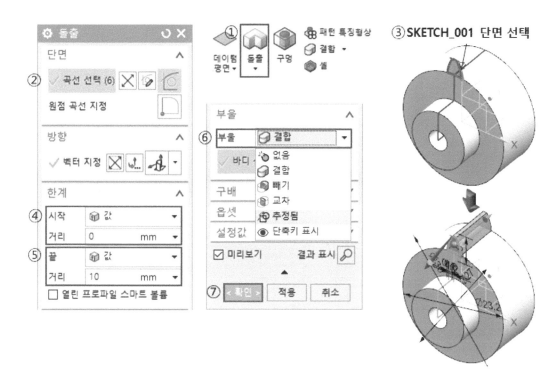

14. [모따기] 클릭 → [모따기 다이얼로그]에서 [모서리] 선택 → [옵셋/대칭, 거리=0.5] → [확인]

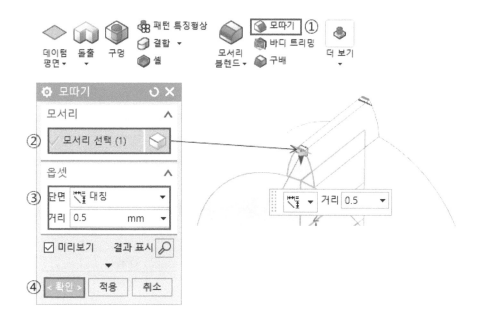

15. [패턴 특징 형상 클릭 → [패턴 특징 형상 다이얼로그]에서 [특징 형상 선택] → [모델 히스토리]에서 [돌출(6)과 모따기(7)] 선택 → [패턴 정의]에서 [레이아웃/원형] 선택 → [회전축]에서 [벡터 지정/Y축] 선택 → [점 지정/돌출(4) 모서리] 선택 → [각도 방향/ 간격=개수 및 범위, 개수=18(잇수), 범위 각도=360] → [확인]

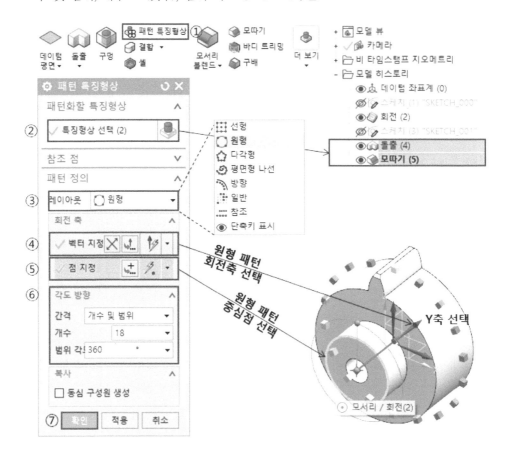

16. [스케치] → [평면상에서] → [추정됨] → [면/회전(2)] 평면 선택 → [확인]

평면 선택

17. [원] → [중심, 직경 원] → [스케치 원점 (XC=0, YC=0)] 클릭 → [직경=4.2 입력, Enter] →
    [Φ4.2 원 종료/ESC 버튼] 누름 → [원 그리기 종료/ESC 버튼] 누름

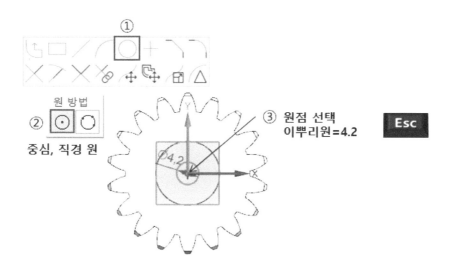

18. [선] 클릭 → [직선 생성을 위한 첫 번째 점/XC=0, YC=10] 입력 → [두 번째 점/ 길이=6,
    각도=90] 입력 → [선 그리기 종료/ESC 버튼] 누름 → [스케치 종료]

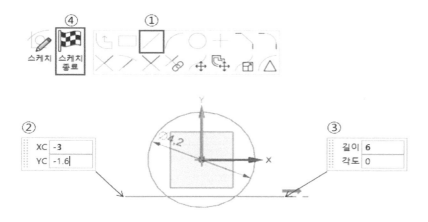

19. [돌출] 선택 → [단면/곡선 선택] → [윈도우 작업 화면]에서 [SKETCH_002] 단면 클릭 →
    [한계/ 끝=대칭 값, 거리=15] 설정 → [부울/결합] 선택 → [확인]

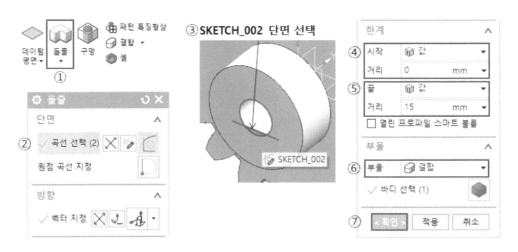

5) 모터 지지대 부품도 (모델명: 19 Motor Support)

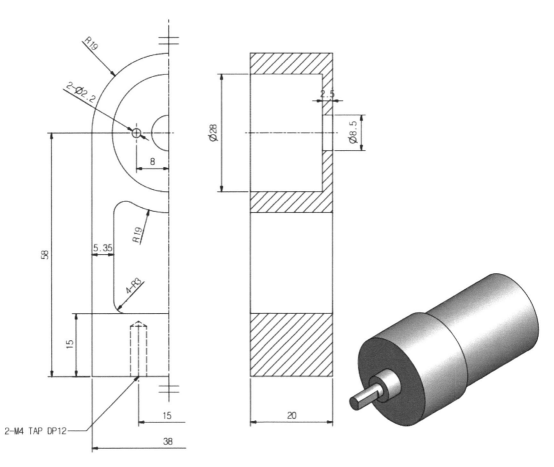

2.5 NX 어셈블리(Assembly)

어셈블리(Assembly)는 두 개 이상의 부품이 조립된 것으로 개개의 부품 하나하나가 모여 단위 기능을 가지는 부품 덩어리의 조립품을 말한다. 즉 모든 제품은 이러한 부품 덩어리의 어셈블리들이 모여져서 완제품을 이루게 된다.

따라서 NX의 어셈블리 기능은 구성 요소 간의 결합 조건과 체결 조건에 따른 실제 제품의 조립 상태를 모사한다. 여기서 구성 요소는 개별 단품이 될 수도 있고, 하위 부품 덩어리의 조립품이 될 수도 있다.

NX의 어셈블리에서는 독립된 파트(Part)의 단품 파일이나 부품 덩어리의 조립품 파일이 어셈블리에서 구성 요소로 사용된 것을 컴포넌트(Component)라 표현한다. 즉 개별 단품 파트 파일 혹은 하위 부품 덩어리의 어셈블리 파일을 상위 어셈블리 모델에 불러와 참조하면, 그 파일들은 해당 어셈블리의 컴포넌트들이 된다. 그리고 실제 체결 상태와 같은 조립 위치에 배치되면 입력된 파트 파일에 대한 링크가 해당 어셈블리 모델에 생성된다.

예를 들어 평판의 단품 파일에서 볼트 구멍 지름이 확대되면 어셈블리 파일의 해당 컴포넌트가 단품 파트 파일에 링크되어 있음으로 그 변경 내용이 자동으로 업데이트되어 어셈블리 내의 평판 볼트 구멍 지름도 같이 확대되게 된다. 따라서 어셈블리의 파일 경로는 어셈블리에 링크된 단품 파트 파일 경로와 같아야 한다. 즉 단품 파트 모델링 파일과 어셈블리 파일이 같은 폴더 내에서 작업이 이루어져야 한다.

그리고 NX는 다른 3D 설계 소프트웨어와 달리 단품 파트 모델과 조립품 어셈블리 모델의 확장자가 "prt"로 같다. 따라서 어셈블리 파일과 단품 파일을 구분하기 위해서는 파일명에 Assembly라는 접두어나 접미어로 표시하는 것이 일반적이다.

이러한 어셈블리 과정에서는 부품 간의 결합 혹은 체결 조건에 따라 그 조립 관계를 설정하여야 한다. 이러한 어셈블리 과정의 조립 관계는 구속 조건 도구를 사용하여 만들 수 있다. 어셈블리의 구조 조건은 둘 이상의 구성 요소가 서로 어떻게 관련되는지를 정의하고, 구성 요소의 자유도를 제한한다.

2.5.1 어셈블리 방식(Assembly Modeling)

NX 어셈블리에서 구속 조건을 사용하여 실제 제품에서 부품 간의 조립 과정을 가상의 디지털 공간에서 수행함으로써 더욱 안정적인 조립품을 제작할 수 있고, 부품 간의 치수 경계에 따른 누적 공차를 분석할 수 있다.

일반적으로 상향식 어셈블리(Bottom-Up)와 하향식 어셈블리(Top-Down) 및 혼합식 어셈블리 유형에 대한 조립 방법을 제공한다.

1) 상향식 어셈블리 방식(Bottom-up Assembly Modeling)

상향식 어셈블리에서는 어셈블리 내의 모든 컴포넌트(구성 요소)가 별도의 개별 단품 파트 파일(*.prt)이거나 부품 덩어리의 하위 어셈블리 파일(*.prt)로 이미 모든 구성 요소에 대한 설계가 완료된 상태의 각 prt 파일을 최상위 어셈블리 파일로 불러들여 적절한 구속 조건을 사용하여 실제 제품과 동일하게 조립한다.

어셈블리 작업에 삽입된 첫 번째 부품 파일의 컴포넌트는 완전히 고정되어 구속되고, 부품 파일의 원점은 어셈블리 파일의 원점과 일치한다. 일반적으로 많이 사용하는 어셈블리 방식이다.

2) 하향식 어셈블리 방식(Top-down Assembly Modeling)

하향식 어셈블리 방식은 불러올 부품 파일이 존재하지 않는 상태에서 작업 어셈블리 파트에서 개별 단품의 파트 파일을 생성하고 컴포넌트로 이동시켜 체결 상태에 따른 구속 조건을 활용하여 부품을 조립하는 방식이다.

조립품의 구성 부품인 컴포넌트를 어셈블리 내에서 작성하려면 2D 스케치가 가능하고, 돌출 및 회전 등의 3D 피처로 변환할 수 있는 환경이 필요하다. NX에서는 어셈블리 모델링에서 파트 모델링으로 또는 그 반대로의 전환이 자유롭고, 어셈블리와 파트의 확장자가 "prt"로 같다. 즉 NX에서의 어셈블리 파일은 독립된 개별 단품 prt 파일이나 부품 덩어리의 어셈블리 prt 파일 중에서 하나 이상을 참조한 컴포넌트에 대한 구속 관계를 맺은 새로운 prt 파일을 말한다.

3) 혼합식 어셈블리 방식(Combining both approaches)

일반적으로 새로 추가되거나 수정되는 개별 단품 부품을 완성품 어셈블리 내에서 설계하여 파트 모델링을 완성하는 하향식과 재사용되는 단품 부품들과 표준 규격품들을 어셈블리 파일

내로 입력하여 참조하는 상향식을 혼용하여 사용하는 방식이 혼합식 어셈블리 방식이다. 실제 설계 과정 및 작업과 매우 유사한 방식이다.

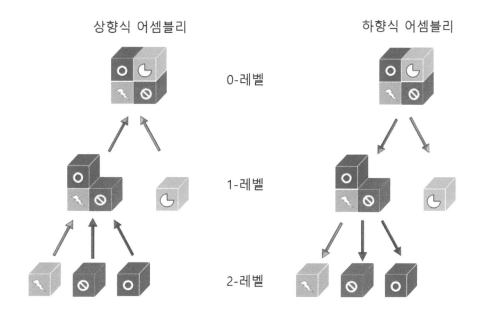

2.5.2 NX 어셈블리 시작하기

NX 시작 화면에서 [새로 만들기] 아이콘을 클릭한 다음, 모델 탭에서 [모델] 또는 [어셈블리]를 선택한다. 다른 3D CAD 소프트웨어와 달리 NX에서는 단품 파트 파일과 조립품의 어셈블리 파일이 모두 "prt"로 확장자가 같으므로 [모델]을 선택하여 시작할 때는 [홈(모델)] 탭에서 [어셈블리] 탭으로 이동하여 조립 작업을 수행할 수 있다.

어셈블리 메뉴의 구조는 다음과 같다.

① [컨텍스트 제어]는 대규모 어셈블리를 이해하고 처리하는 데 유용한 기능들을 제공한다. 대형 조립품에서 [컴포넌트 찾기]로 단품을 쉽게 찾을 수 있고, 하나의 단품 부품 주위에 배치된 부품들을 [근접 파트 열기]를 통해 불러올 수도 있다.

② [컴포넌트 관리]는 어셈블리에 컴포넌트 생성 및 편집 기능들을 제공한다. 외부에 있는 부품들을 작업 어셈블리에 추가하거나 새 컴포넌트를 생성할 수 있다.

③ [컴포넌트 위치] 기능은 어셈블리 파일에 추가된 개별 부품 파트 또는 부품 덩어리의 하위 어셈블리 파트를 적절한 위치에 이동시키고 구속 조건을 활용하여 실제 체결 상태와 일치하게 조립할 수 있는 유용한 기능들을 제공한다.

④ [일반 기능]의 [WAVE 지오메트리 연결기]는 하향식 작업에서 어셈블리 내 다른 파트에서 작업 파트로 지오메트리를 복사할 수 있는 기능을 제공하고, [순서] 기능을 사용하여 컴포넌트 조립 또는 분해 작업 순서를 제어할 수도 있다.

⑤ [분해 뷰] 기능은 이미 완성된 어셈블리의 구성 요소인 컴포넌트들을 조립 뷰에서 분해 상태의 뷰로 시각적으로 변환할 수 있는 기능을 제공한다.

⑥ [충돌 검사]는 어셈블리 구성 요소 간의 간섭을 식별하고 해석하는 방법을 제공한다.

2.5.3 컴포넌트 관리 메뉴

어셈블리에 컴포넌트 생성 및 편집 기능들을 제공하는 컴포넌트 관리 메뉴에 관해 더욱더 자세하게 살펴보자.

1) 컴포넌트 추가

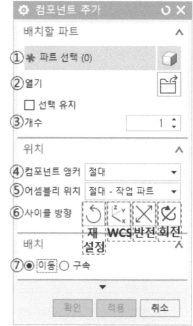

상향식으로 조립하고자 할 때, 작업 어셈블리의 prt 파일에 개별 부품 파트 혹은 부품 덩어리의 하위 어셈블리의 prt 파일을 추가하려면 컴포넌트 메뉴에서 [추가] 명령을 사용한다. 개별 구성 부품은 현재 작업 중인 어셈블리의 prt 파일에 추가됨과 동시에 컴포넌트가 된다.

① 어셈블리 파트에 추가될 부품 파트를 현재 작업 어셈블리의 [그래픽 윈도우]나 [어셈블리 탐색기]에서 [파트 선택] 옵션을 통해서 하나 이상 선택할 수 있음.

② 작업 어셈블리 파트에 추가할 설계 완료된 개별 단품 파트나 부품 덩어리의 어셈블리 파트 파일을 [열기] 창의 리스트에서 선택할 수 있음.

③ 추가된 파트에 대해 생성할 인스턴스 수를 표시

④ [컴포넌트 앵커]는 추가될 파트의 절대 원점

⑤ 부품 part가 어셈블리에 추가될 때 배치될 최초의 위치를 선택

- 스냅 - 어셈블리의 방향 및 마우스의 위치에 따라 배치 면을 선택
- 절대 작업 파트 - 컴포넌트 앵커가 작업 파트의 절대 원점에 배치
- 절대 좌표계 - 컴포넌트 앵커가 표시된 파트의 절대 원점에 배치
- WCS - 컴포넌트 앵커가 현재 WCS 위치 및 방향에 배치됨.

⑥ [사이클 방향] 옵션의 위치 설정에 따라 다른 컴포넌트의 방향을 지정할 수 있음.

- 재설정 - 스냅 된 위치와 방향을 재설정
- WCS - 컴포넌트 방향을 WCS로 지정
- 반전 - 컴포넌트 앵커의 Z 방향을 반대로 반전시킴.
- 회전 - Z축 주변에서 X축에서 Y축으로 컴포넌트를 90도 회전시킴.

⑦ 배치 유형으로 [이동]을 선택할 때는 점 다이얼로그 또는 좌표계 조작기를 사용하여 파트의 방향을 지정할 수 있고, [구속 조건]을 선택할 때는 어셈블리 구속 조건을 활용하여 추가된 파트를 조립 위치에 배치할 수 있음.

2) 새로 생성

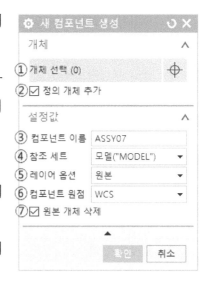 작업 어셈블리 파일 내에 있는 기존 컴포넌트를 복사하여 새로운 컴포넌트를 생성할 경우와 빈 컴포넌트 파일을 먼저 생성하고 나중에 단품 part 파일을 추가하고자 할 때, [새로 생성] 명령어를 사용한다. [새로 생성] 아이콘을 클릭하면 [새 컴포넌트 파일] 창이 나타난다. 새 컴포넌트의 이름과 저장 위치를 정의하고 확인을 클릭하면 다음과 같이 [새 컴포넌트 생성] 창이 나타난다.

① 어셈블리 내에 존재하는 기존 부품 파트 파일을 새 컴포넌트에 생성할 개체로 선택할 수 있음.

② 새 컴포넌트에 모든 참조 개체를 포함하려면 이 옵션을 활성화하여야 함. 참조 개체는 선택한 개체의 위치나 방향 등을 말함.

③ 새 컴포넌트의 이름을 지정

④ 기존 부품 파트가 추가되는 새 컴포넌트의 참조 세트를 지정

⑤ 컴포넌트로 이동되는 부품 파트를 표시할 어셈블리의 레이어 지정

⑥ 컴포넌트 파트의 절대 좌표계 위치를 지정

⑦ 원본 개체를 삭제할지를 결정

3) 새 부모 생성

작업 어셈블리 파트에서 새로운 상위의 부모 어셈블리 파트를 생성하고자 할 때 사용하는 명령어이다. 이 과정에서는 먼저 빈 어셈블리가 생성된 다음, 현재의 작업 어셈블리가 빈 어셈블리의 자식으로 추가된다.

[새 부모 생성] 창에서 부모 어셈블리 파일의 [이름]과 저장 [폴더] 위치를 지정하고 [확인]을 클릭하면, [어셈블리 탐색기]에 부모 파트 파일이 나열된다. 새 부모 어셈블리 파트 파일이 작업 파트가 된다.

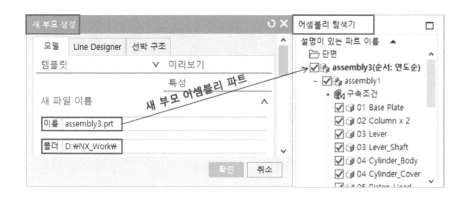

2.5.4 컴포넌트 위치 메뉴

작업 어셈블리 파일에 추가되는 파트를 적절한 위치로 이동시켜 실제 완성품의 체결 상태와 동일하게 조립할 수 있도록 부품 간의 다양한 구속 조건 기능들을 제공한다.

1) 컴포넌트 이동

 작업 어셈블리 파일로 추가된 개별 부품 파트 파일이나 하위 어셈블리 파일을 조립 위치로 이동하고 선택적으로 복사하기 위해서 [컴포넌트 이동] 명령을 사용한다.

① 이동할 컴포넌트를 한 개 이상 선택할 수 있음.

② 선택한 컴포넌트의 이동 방법을 지정함.

  a. 거리 - 지정한 벡터를 따라 선택한 컴 포넌트의 이동 거리를 정의함.

  b. 각도 - 지정한 벡터의 설정된 각도 만 큼 컴포넌트를 회전시킴.

  c. 점 대 점 - 선택한 점에서 목표 지점으 로 컴포넌트를 이동시킴.

  d. 동적 - 컴포넌트의 원점이나 각 축 방 향을 마우스의 MB1으로 클릭한 상태 로 목표 지점으로 끌어 이동시키거나 각 축을 기준으로 회전시킬 수 있음.

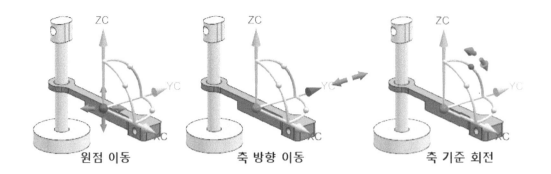

| 원점 이동 | 축 방향 이동 | 축 기준 회전 |

e. 구속 조건으로 - 컴포넌트에 구속 조건을 생성하여 이동시킬 수 있음.

③ 복사본을 만들지를 지정하며, 복사본을 만들 때 수동으로 복사할지 아니면 자동으로 복사할지를 선택함.

2) 어셈블리 구속 조건

NX에서는 2가지 유형의 어셈블리 체결 방법을 제공한다. 첫 번째 방법은 컴포넌트 사이의 체결 상태에 따라 6 DOF 중에서 구속 자유도를 제거하여 어셈블리의 [구속 조건]을 정의하는 방법이다. 그리고 두 번째 방법은 조인트 요소를 사용하여 컴포넌트 간의 체결 상태를 정의하는 [조인트] 방법이다. 동작 범위가 원하는 방향과 한계에 국한되도록 조인트 요소를 사용하여 두 컴포넌트를 구속하는 것이다.

① 접촉 정렬 - 서로 접촉하거나 정렬되도록 두 컴포넌트를 구속하는 조건. 접촉 정렬 구속 조건을 선택할 때 다음 옵션이 [구속할 지오메트리] 그룹에 표시

　a. 접촉 - 곡면 법선의 방향이 서로 반대가 되도록 개체를 구속한다.

　b. 정렬 - 곡면 법선의 방향이 서로 같아지도록 개체를 구속

　c. 중심/축 정렬 - 두 개체의 중심축이 같은 축선 상에 놓여 일치하도록 구속한다.

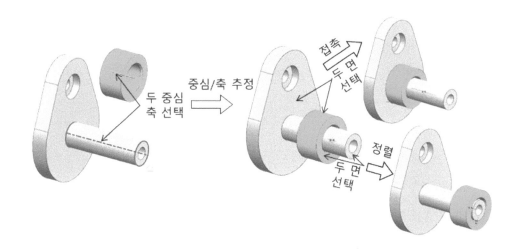

② 동심 - 두 원 혹은 타원의 중심이 일치하고 동일 평면상에 놓이도록 구속함.

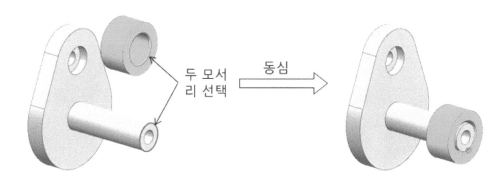

③ 거리 - 두 개체 간의 거리를 지정하여 구속

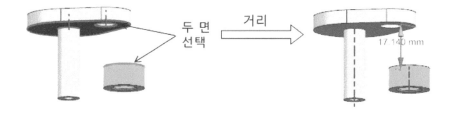

④ 고정 - 개체가 움직이지 않도록 6 DOF를 고정

⑤ 평행 - 두 개체의 방향 벡터를 서로 평행하게 구속

⑥ 직교 - 두 개체의 방향 벡터를 서로 직교하도록 구속

⑦ 정렬/잠금 - 서로 다른 개체의 두 축을 정렬하면서 공용 축을 기준으로 한 회전을 동
시에 금지하는 구속

⑧ 맞춤 - 원형이나 타원형 모서리 또는 원통형이나 구형 면에서 같은 반경을 갖는 두 개
  체를 구속, 즉 중심축 선뿐만 아니라 두 개체의 반경이 일치하여야 함.

⑨ 접착 - 접착은 서로 다른 컴포넌트들을 하나로 묶어 단일 강체처럼 인식할 수 있도록
  구속

⑩ 중심 - 개체 쌍 사이에서 하나 또는 두 개의 개
  체를 중앙에 오게 하거나 개체 쌍을 다른 개체
  를 따라 중앙에 오도록 구속 조건을 지정

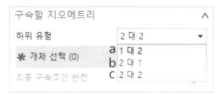

  a. 1대1 - 개체 쌍 사이에 한 개체의 중심 지정

  b. 2대1 - 다른 개체를 따라 개체 쌍의 중심을 지정

  c. 2대2 - 개체 쌍 사이에 두 개체의 중심을 지정

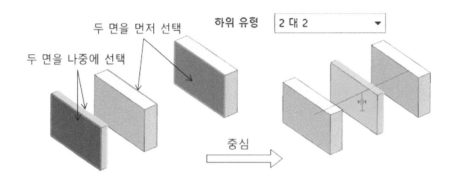

⑪ 각도 - 지정된 축 주변에 있는 두 개체 사이의 각도를 구속

2.5.5 어셈블리 탐색기

NX 어셈블리 탐색기는 어셈블리 계층 구조, 컴포넌트 속성 및 컴포넌트 간의 구속 조건을
계층 트리 구조로 표시한 탐색기이다. 어셈블리 탐색기로 상위 어셈블리와 하위 어셈블리 등
의 트리 구조 변경 및 컴포넌트 정렬 순서 등을 변경할 수 있고, 0레벨, 1레벨, 2레벨 등의 계
층 구조와 각 컴포넌트의 상태 확인 및 속성 변경 등의 작업을 수행할 수 있다.

1) 주 패널

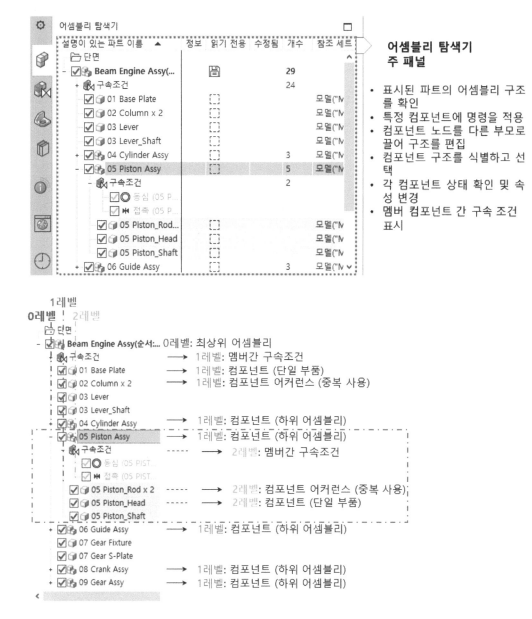

앞서 소개한 바와 같이 NX에서 어셈블리란 하나 이상의 부품을 가진 파트(prt) 파일을 의미한다. 컴포넌트는 독립된 단품 파트 파일 혹은 어셈블리 파트 파일이 다른 파트 파일에 참조된 경우를 말하며 조립품의 구성 부품이다.

위 그림에서 0레벨의 최상위 어셈블리 파트 파일은 "Beam Engine Assy.prt"가 된다. 그리고 0레벨 어셈블리의 구성 부품인 컴포넌트들은 1레벨의 열에 위치해 있고, 이들 컴포넌트 중에서 "05 Piston Assy.prt"라는 하위 어셈블리 파트 파일에는 2레벨에 해당하는 3개의 컴포넌트가 존재하고 있다.

그리고 하위 어셈블리의 구성 부품 간의 조립을 위해 2개의 구속 조건이 사용된 것을 볼 수 있다. 또한, "05 Piston_Rod × 2"에서 "× 2"는 "05 Piston_Rod.prt" 단품 파트 파일이 두 번 "05 Piston Assy.prt"에 사용된 것을 뜻한다. 어커런스(Occurrence)란 동일한 파트 파일이 여러 번 조립품 파일에 사용된 경우의 컴포넌트를 일컫는 용어로 그 사용 횟수의 정보를 숫자로 표시해 준다.

2) 작업 파트로 만들기

어셈블리 상태에서 주변의 부품을 보면서 특정 파트를 수정하고자 할 때 "작업 파트로 만들기" 기능을 활용하면 상대 부품과의 관계를 고려하여 단품 파트를 수정할 수 있다.

어셈블리 탐색기에서 수정하고자 하는 구성 부품을 더블클릭하거나 해당 파트 파일을 마우스로 선택하고 MB3를 클릭하여 "작업 파트로 만들기" 옵션을 선택하면 해당 부품만 활성화 상태가 되고, 다른 부품은 비활성 상태가 된다. 그리고 파트 탐색기에서 트리 구조를 확인하면서 수정할 수 있다.

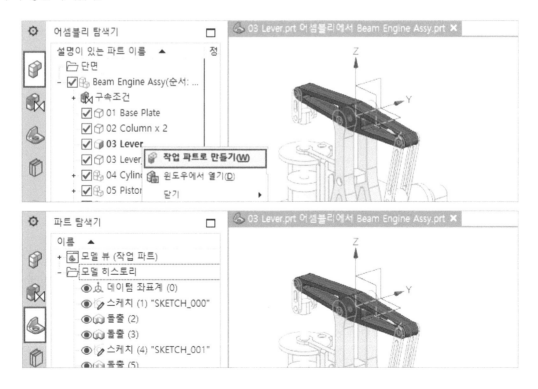

3) 윈도우에서 열기

어셈블리 상태에서 특정 파트를 수정하고자 할 때 마우스로 컴포넌트를 선택하고 MB3를 클릭한 후, "윈도우에서 열기"를 하면 특정 파트 모델이 새 윈도우에서 열린다. "작업 파트로 만들기"에서와 같이 조립품의 다른 컴포넌트는 볼 수 없으며 특정 단품 모델만을 확인할 수 있다. "작업 파트로 만들기" 기능과 동일하게 파트 탐색기에서 트리 구조를 확인하면서 수정할 수 있다. 다시 어셈블리로 돌아가려면 어셈블리 탐색기의 부품 파트를 선택하고 MB3를 클릭하여 "Beam Engine Assy"를 선택한다.

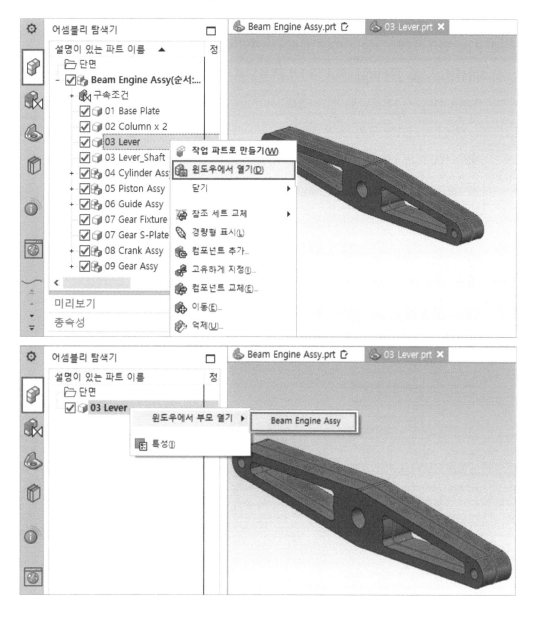

2.6 빔-엔진(Beam-Engine) 장치의 어셈블리(Assembly)

2.4절에서 완성한 빔-엔진 장치의 3D CAD 부품 모델을 활용하여 빔-엔진 장치의 체결 상태와 일치하게 가상의 디지털 공간에서 부품 간 조립 작업을 진행한다.

2.6.1 베이스 플레이트 고정

01. [NX 시작 화면] → [새로 만들기] 클릭

02. [새로 만들기 창] → [어셈블리] 선택 → [파일 이름/저장 경로] 지정 → [확인]

03. [어셈블리 탭] → [추가] 클릭 → [컴포넌트 추가] 다이얼로그 → [열기] 클릭 → [01 Base Plate] 선택 → [컴포넌트 앵커/절대] → [어셈블리 위치/ 절대-디스플레이된 파트] 선택 → [확인] → [고정 구속 조건 생성] → [예] 클릭 → [어셈블리 탐색기]에서 [구속 조건/고정(01 BASE PLATE)] 확인

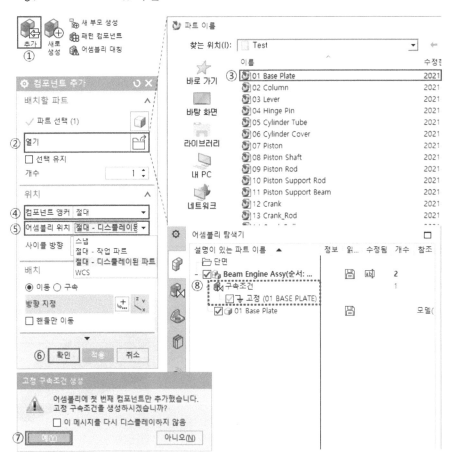

2.6.2 기둥 조립

01. [어셈블리 탭] → [추가] 클릭 → [컴포넌트 추가] 다이얼로그 → [열기] 클릭 → [02 Column] 선택 → [배치/방향 지정에서 (동적 컴포넌트 이동)] 선택 → [ZC축] 클릭 → [위치 이동] → [확인]

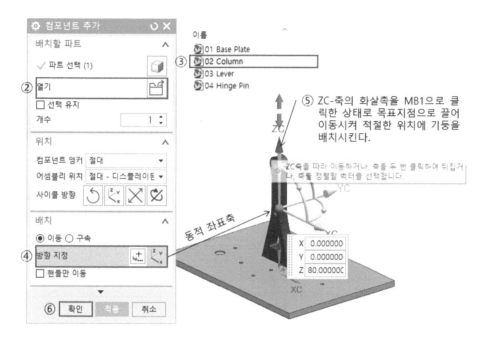

02. [어셈블리 구속 조건] → [동심] 선택 → [두 개체 선택] → [기둥 볼트 구멍/모서리] 클릭 → [베이스 플레이트와 기둥 간 체결소/모서리] 클릭 → [확인] → [어셈블리 탐색기]에서 [구속 조건/동심(02 COLUMN, 01 BASE PLATE)] 확인

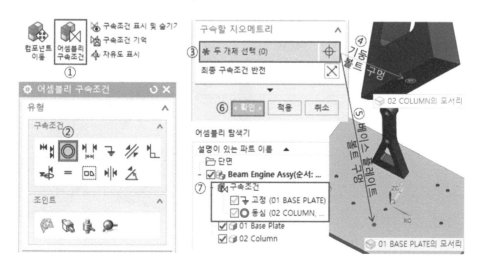

03. [어셈블리 탐색기]에서 02 Column 컴포넌트 선택 → [〈Ctrl〉 + C]로 복사 → [작업화면
임의의 공간에 MB1 클릭] → [〈Ctrl〉 + V]로 붙여넣기 → [컴포넌트 이동] 선택 → [변환/
방향 지정에서 (동적 컴포넌트 이동)] 선택 → [YC축] 클릭 → [거리=50 〈Enter〉] → [ZC
회전축] 클릭 → [각도=180 〈Enter〉] → [ZC축] 클릭 → [거리=100 〈Enter〉] → [확인]

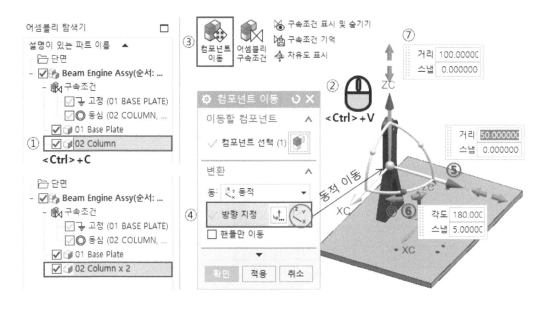

04. [어셈블리 구속 조건] → [동심] 선택 → [두 개체 선택] → [기둥 볼트 구멍/모서리] 클릭
→ [베이스 플레이트와 기둥 간 체결소/모서리] 클릭 → [확인] → [어셈블리 탐색기]에서
[구속 조건/동심(02 COLUMN, 01 BASE PLATE)] 확인

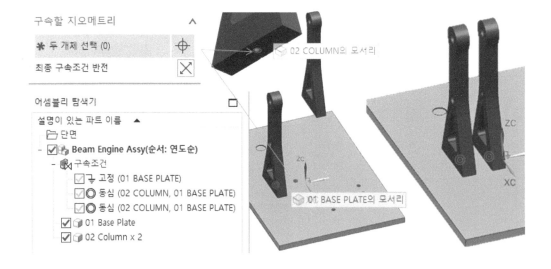

2.6.3 빔-힌지핀 및 오버헤드 빔(레버) 조립

01. [어셈블리 탭] → [추가] 클릭 → [컴포넌트 추가]에서 [열기] 클릭 → [04 Hinge Pin] 선택
→ [배치/방향 지정에서 (동적 컴포넌트 이동)] 선택 → [YC축] 클릭 → [거리=50 〈Enter〉]
→ [ZC축] 클릭 → [거리=100 〈Enter〉] →[확인]

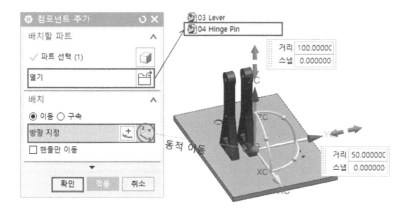

02. [어셈블리 구속 조건] → [접촉 정렬] 선택 → [구속할 지오메트리/방향]에서 [중심/축 추
정] 선택 → [두 개체 선택]에서 [힌지핀/중심선] 클릭 → [기둥/중심선] 클릭 → [구속 조
건]에서 [동심] 선택 → [두 개체 선택]에서 [힌지핀/모서리] 클릭 → [기둥/모서리] 클릭
→ [확인] → [어셈블리 탐색기]에서 [구속 조건/접촉(04 HINGE PIN, 02 COLUMN)/동심
(04 HINGE PIN, 02 COLUMN)] 확인

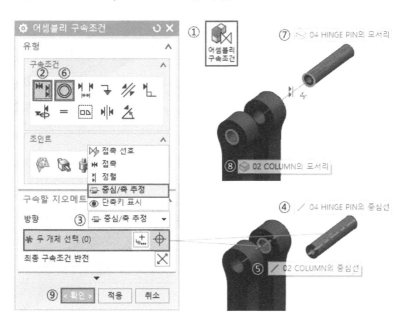

03. [어셈블리 탭] → [추가] 클릭 → [컴포넌트 추가]에서 [열기] 클릭 → [03 Lever] 선택 →
　　[배치/방향 지정에서 (동적 컴포넌트 이동)] 선택 → [좌표값 입력창/X=0 〈Tab〉, Y=100
　　〈Tab〉, Z=100 〈Enter〉] → [확인]

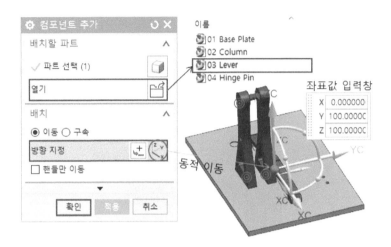

04. [어셈블리 구속 조건] → [접촉 정렬] 선택 → [구속할 지오메트리/방향]에서 [중심/축 추정] 선
　　택 → [두 개체 선택]에서 [레버/중심선] 클릭 → [힌지핀/중심선] 클릭 → [구속 조건]에서 [동심]
　　선택 → [두 개체 선택]에서 [레버/모서리] 클릭 → [기둥/모서리] 클릭 → [확인] → [어셈블리 탐
　　색기]에서 [구속 조건/정렬(03 LEVER, 04 HINGE PIN)/동심(03 LEVER, 02 COLUMN)] 확인

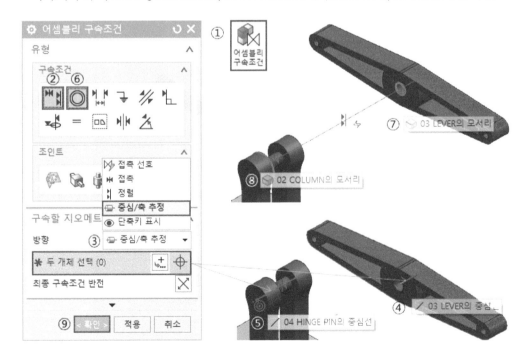

2.6.4 실린더 튜브와 실린더 커버 조립

01. [어셈블리 탭] → [추가] 클릭 → [컴포넌트 추가]에서 [열기] 클릭 → [05 Cylinder Tube] 선택 → [배치/방향 지정에서 (동적 컴포넌트 이동)] 선택 → [좌표값 입력창/X=0 〈Tab〉, Y=50 〈Tab〉, Z=100 〈Enter〉] → [확인]

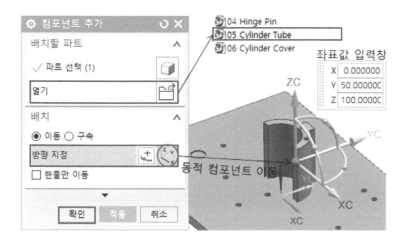

02. [어셈블리 구속 조건] → [접촉 정렬] 선택 → [구속할 지오메트리/방향]에서 [중심/축 추정] 선택 → [두 개체 선택]에서 [실린더 튜브/중심선] 클릭 → [베이스 플레이트/중심선] 클릭 → [구속 조건]에서 [동심] 선택 → [두 개체 선택]에서 [실린더 튜브/모서리] 클릭 → [베이스 플레이트/모서리] 클릭 → [확인] → [어셈블리 탐색기]에서 [구속 조건/접촉(05 CYLINDER TUBE, 01 BASE PLATE)/동심(05 CYLINDER TUBE, 02 BASE PLATE)] 확인

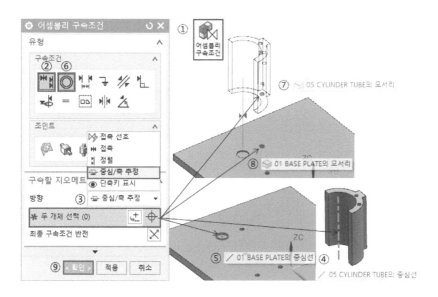

03. [어셈블리 탭] → [추가] 클릭 → [컴포넌트 추가]에서 [열기] 클릭 → [06 Cylinder Cover]
선택 → [배치/방향 지정에서 (동적 컴포넌트 이동)] 선택 → [좌표값 입력창/X=0 〈Tab〉,
Y=30 〈Tab〉, Z=150 〈Enter〉] → [확인]

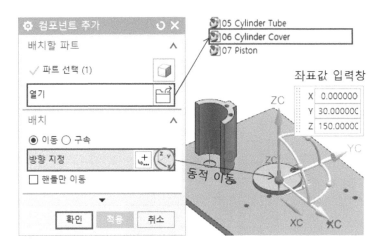

04. [어셈블리 구속 조건] → [접촉 정렬] 선택 → [구속할 지오메트리/방향]에서 [중심/축 추정]
선택 → [두 개체 선택]에서 [실린더 커버/중심선] 클릭 → [실린더 튜브/중심선] 클릭 →
[구속 조건]에서 [동심] 선택 → [두 개체 선택]에서 [실린더 커버/모서리] 클릭 → [실린더
튜브/모서리] 클릭 → [확인] → [어셈블리 탐색기]에서 [구속 조건/정렬(06 CYLINDER
COVER, 05 CYLINDER TUBE)/동심(06 CYLINDER COVER, 05 CYLINDER TUBE)] 확인

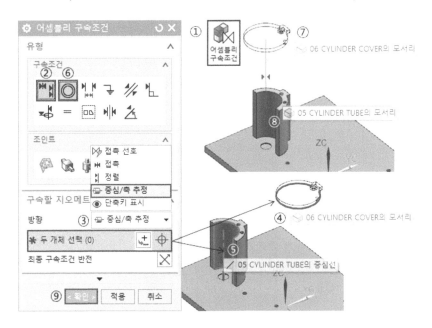

2.6.5 피스톤 로드, 피스톤 축 및 피스톤 조립

01. [어셈블리 탭] → [추가] 클릭 → [컴포넌트 추가]에서 [열기] 클릭 → [09 Piston Rod] 선택
→ [배치/방향 지정에서 (동적 컴포넌트 이동)] 선택 → [좌표값 입력창/X=0 〈Tab〉, Y=50
〈Tab〉, Z=150 〈Enter〉] → [YC축을 중심으로 회전] 선택 → [각도 입력창/각도=-90
〈Tab〉, 스냅=5 〈Enter〉] → [확인]

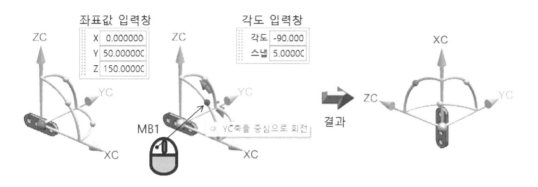

02. [어셈블리 구속 조건] → [동심] 선택 → [두 개체 선택]에서 [피스톤 로드/모서리] 클릭
→ [오버헤드 빔(레버)/모서리] 클릭 → [확인] → [어셈블리 탐색기]에서 [구속 조건/동심
(09 PISTON ROD, 03 LEVER)] 확인

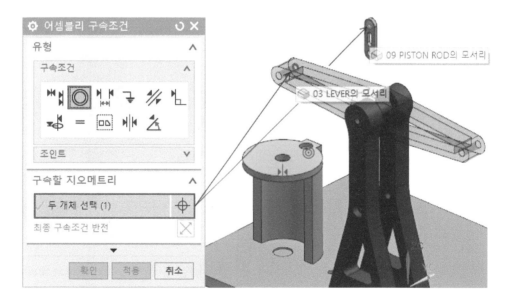

03. [어셈블리 탐색기]에서 09 Piston Rod 컴포넌트 선택 → [〈Ctrl〉 + C]로 복사 → [작업 화
면 임의의 공간에 MB1 클릭] → [〈Ctrl〉 + V]로 붙여넣기 → [컴포넌트 이동] 선택 → [변

환/방향 지정에서 (동적 컴포넌트 이동)] 선택 → [좌표값 입력창/X=-74.0 〈Tab〉, Y=-80.0
〈Tab〉, Z=115.5 〈Enter〉] → [확인]

04. [어셈블리 구속 조건] → [동심] 선택 → [두 개체 선택]에서 [피스톤로드/모서리] 클릭 →
    [오버헤드 빔(레버)/모서리] 클릭 → [확인] → [어셈블리 탐색기]에서 [구속 조건/동심(09
    PISTON ROD, 03 LEVER)] 확인

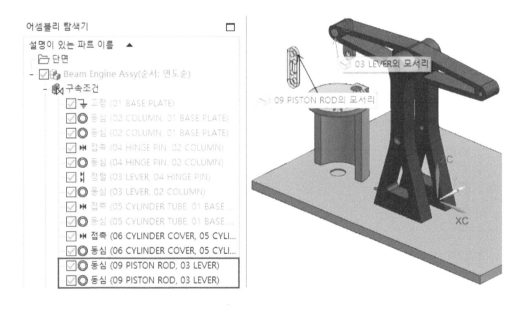

05. [어셈블리 탭] → [추가] 클릭 → [컴포넌트 추가]에서 [열기] 클릭 → [08 Piston Shaft] 선
    택 → [배치/방향 지정에서 (동적 컴포넌트 이동)] 선택 → [좌표값 입력창/X=0 〈Tab〉,
    Y=-150 〈Tab〉, Z=80 〈Enter〉] → [확인]

06. [어셈블리 구속 조건] → [첫 번째 접촉 정렬] 선택 → [구속할 지오메트리/방향]에서 [중심/축 추정] 선택 → [두 개체 선택]에서 [피스톤 축/중심선] 클릭 → [실린더 커버/중심선] 클릭 → [두 번째 접촉 정렬] → [두 개체 선택]에서 [피스톤 축/중심선] 클릭 → [피스톤 로드(PR2)/중심선] 클릭 → [세 번째 접촉 정렬] → [두 개체 선택]에서 [피스톤 축/중심선] 클릭 → [피스톤 로드(PR1)/중심선] 클릭 → [확인] → [어셈블리 탐색기]에서 [구속 조건/접촉(08 PISTON SHAFT, 06 CYLINDER COVER)/정렬(08 PISTON SHAFT, 09 PISTON ROD)//정렬(08 PISTON SHAFT, 09 PISTON ROD)] 확인

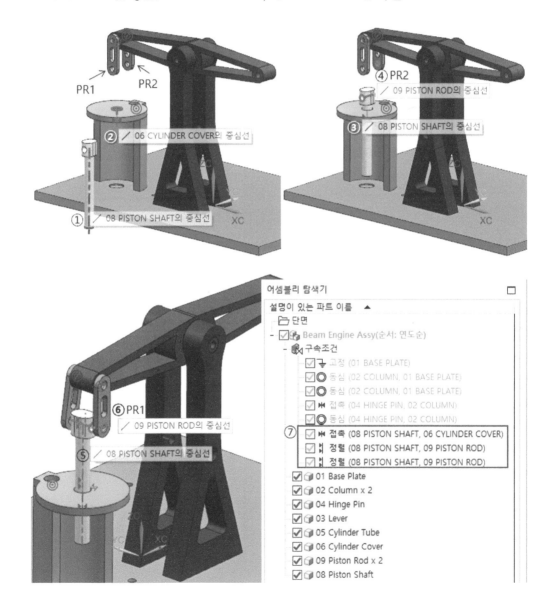

07. [어셈블리 탭] → [추가] 클릭 → [컴포넌트 추가]에서 [열기] 클릭 → [08 Piston Shaft] 선택 → [배치/방향 지정에서 (동적 컴포넌트 이동)] 선택 → [좌표값 입력창/X=-70 〈Tab〉, Y=-100 〈Tab〉, Z=30 〈Enter〉] → [확인]

08. [어셈블리 구속 조건] → [동심] 선택 → [두 개체 선택]에서 [피스톤/모서리] 클릭 → [피스톤축/모서리] 클릭 → [확인] → [어셈블리 탐색기]에서 [구속 조건/동심(07 PISTON, 08 PISTON SHAFT)] 확인

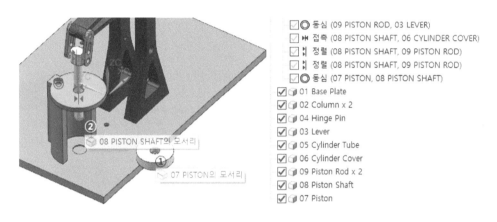

2.6.6 피스톤 지지대와 피스톤 지지 빔 조립

01. [어셈블리 탭] → [추가] 클릭 → [컴포넌트 추가]에서 [열기] 클릭 → [10 Piston Support Bar] 선택 → [배치/방향 지정에서 (동적 컴포넌트 이동)] 선택 → [좌표값 입력창/X=-70 〈Tab〉, Y=-100 〈Tab〉, Z=100 〈Enter〉] → [확인]

02. [어셈블리 구속 조건] → [동심] 선택 → [두 개체 선택]에서 [피스톤 지지대/모서리] 클릭 → [베이스 플레이트/모서리] 클릭 → [확인] → [어셈블리 탐색기]에서 [구속 조건/동심(10 PISTON SUPPORT BAR, 01 BASE PLATE)] 확인

03. [어셈블리 탭] → [추가] 클릭 → [컴포넌트 추가]에서 [열기] 클릭 → [11 Piston Support Beam] 선택 → [배치/방향 지정에서 (동적 컴포넌트 이동)] 선택 → [좌표값 입력창/X=0 〈Tab〉, Y=-50 〈Tab〉, Z=150 〈Enter〉] → [XC축을 중심으로 회전] 선택 → [각도 입력창/각도=180 〈Tab〉, 스냅=5 〈Enter〉] → [확인]

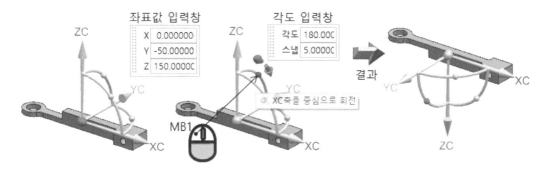

04. [어셈블리 구속 조건] → [접촉 정렬] 선택 → [구속할 지오메트리/방향]에서 [중심/축 추정] 선택 → [두 개체 선택]에서 [피스톤 지지 빔/중심선] 클릭 → [피스톤 축/중심선] 클릭 → [접촉 정렬] → [구속할 지오메트리/방향]에서 [접촉] 선택 → [두 개체 선택]에서 [피스톤 지지 빔/바닥 면] 클릭 → [피스톤 지지대/지지면] 클릭 → [확인] → [어셈블리 탐색기]에서 [구속 조건/정렬(11 PISTON SUPPORT BEAM, 08 PISTON SHAFT)/접촉(11 PISTON SUPPORT BEAM, 10 PISTON SUPPORT BAR)] 확인

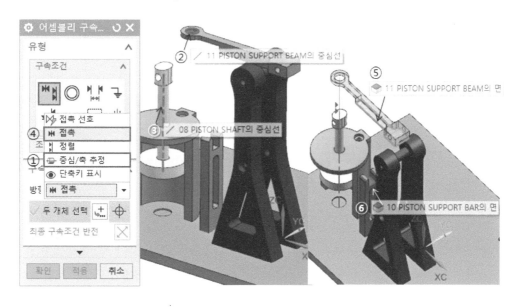

2.6.7 크랭크와 종동기어 조립

01. [어셈블리 탭] → [추가] 클릭 → [컴포넌트 추가]에서 [열기] 클릭 → [16 Crank Support] 선택 → [배치/방향 지정에서 (동적 컴포넌트 이동)] 선택 → [좌표값 입력창/X=50 〈Tab〉, Y=30 〈Tab〉, Z=50 〈Enter〉] → [확인]

02. [어셈블리 구속 조건] → [동심] 선택 → [두 개체 선택]에서 [크랭크 지지대/모서리] 클릭 → [베이스 플레이트/모서리] 클릭 → [확인] → [어셈블리 탐색기]에서 [구속 조건/동심 (16 CRANK SUPPORT, 01 BASE PLATE)] 확인

03. [어셈블리 탭] → [추가] 클릭 → [컴포넌트 추가]에서 [열기] 클릭 → [12 Crank] 선택 → [배치/방향 지정에서 (동적 컴포넌트 이동)] 선택 → [좌표값 입력창/X=100 〈Tab〉, Y=-100 〈Tab〉, Z=100 〈Enter〉] → [YC축을 중심으로 회전] 선택 → [각도 입력창/각도=-90 〈Tab〉, 스냅=5 〈Enter〉] → [확인]

04. [어셈블리 탭] → [추가] 클릭 → [컴포넌트 추가]에서 [열기] 클릭 → [14 Crank Roller] 선택 → [배치/방향 지정에서 (동적 컴포넌트 이동)] 선택 → [좌표값 입력창/X=100 〈Tab〉, Y=-50 〈Tab〉, Z=100 〈Enter〉] → [확인]

05. [어셈블리 구속 조건] → [동심] 선택 → [두 개체 선택]에서 [크랭크 롤러/모서리] 클릭 → [크랭크/모서리] 클릭 → [확인] → [어셈블리 탐색기]에서 [구속 조건/동심(14 CRANK ROLLER, 12 CRANK)] 확인

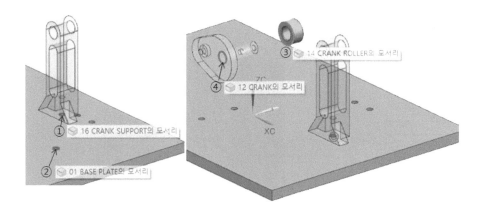

06. [어셈블리 구속 조건] → [동심] 선택 → [두 개체 선택]에서 [크랭크 롤러/모서리] 클릭 → [크랭크 지지대/모서리] 클릭 → [확인] → [어셈블리 탐색기]에서 [구속 조건/동심(14 CRANK ROLLER, 16 CRANK SUPPORT)] 확인

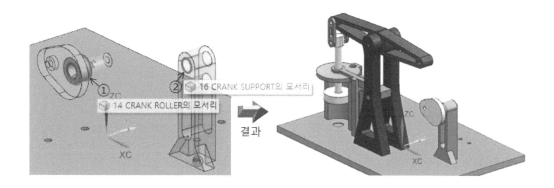

07. [어셈블리 탭] → [추가] 클릭 → [컴포넌트 추가]에서 [열기] 클릭 → [13 Crank Rod] 선택
→ [배치/방향 지정에서 (동적 컴포넌트 이동)] 선택 → [좌표값 입력창/X=100 〈Tab〉, Y=-
50 〈Tab〉, Z=100 〈Enter〉] → [YC축을 중심으로 회전] 선택 → [각도 입력창/각도=-90
〈Tab〉, 스냅=5 〈Enter〉] → [확인]

08. [어셈블리 구속 조건] → [동심] 선택 → [두 개체 선택]에서 [크랭크로드/모서리] 클릭 →
[오버헤드 빔/모서리] 클릭 → [확인] → [어셈블리 탐색기]에서 [구속 조건/동심(13 CRANK
ROD, 03 LEVER)] 확인

09. [어셈블리 탐색기]에서 09 Crank Rod 컴포넌트 선택 → [〈Ctrl〉 + C]로 복사 → [작업 화
면 임의의 공간에 MB1 클릭] → [〈Ctrl〉 + V]로 붙여넣기 → [컴포넌트 이동] 선택 → [변
환/방향 지정에서 (동적 컴포넌트 이동)] 선택 → [좌표값 입력창/X=72.0 〈Tab〉, Y=30.0
〈Tab〉, Z=95 〈Enter〉] → [확인]

10. [어셈블리 구속 조건] → [동심] 선택 → [두 개체 선택]에서 [크랭크 로드/모서리] 클릭 →
[오버헤드 빔(레버)/모서리] 클릭 → [확인] → [어셈블리 탐색기]에서 [구속 조건/동심(13
CRANK ROD, 03 LEVER)] 확인

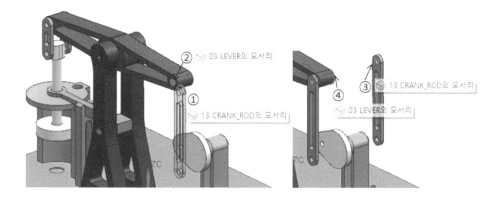

11. [어셈블리 탭] → [추가] 클릭 → [컴포넌트 추가]에서 [열기] 클릭 → [15 Crank Bushing]
    선택 → [배치/방향 지정에서 (동적 컴포넌트 이동)] 선택 → [좌표값 입력창/X=0 〈Tab〉,
    Y=80 〈Tab〉, Z=60 〈Enter〉] → [XC축을 중심으로 회전] 선택 → [각도 입력창/각도=90
    〈Tab〉, 스냅=5 〈Enter〉] → [확인]

12. [어셈블리 구속 조건] → [접촉 정렬] 선택 → [구속할 지오메트리/방향]에서 [중심/축 추
    정] 선택 → [두 개체 선택]에서 [크랭크 부싱/중심선] 클릭 → [크랭크 로드/중심선] 클릭
    → [구속 조건] → [동심] 선택 → [두 개체 선택]에서 [크랭크 부싱/모서리] 클릭 → [크랭
    크 로드/모서리] 클릭 → [확인] → [어셈블리 탐색기]에서 [구속 조건/접촉(15 CRANK
    BUSHING, 13 CRANK ROD)/동심(15 CRANK BUSHING, 13 CRANK ROD)] 확인

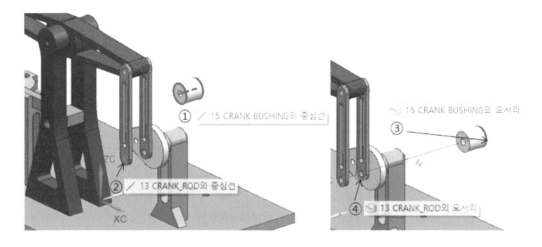

13. [어셈블리 탭] → [추가] 클릭 → [컴포넌트 추가]에서 [열기] 클릭 → [17 Driven Gear] 선
    택 → [배치/방향 지정에서 (동적 컴포넌트 이동)] 선택 → [좌표값 입력창/X=0 〈Tab〉,
    Y=100 〈Tab〉, Z=100 〈Enter〉] → [ZC축을 중심으로 회전] 선택 → [각도 입력창/각도
    =180 〈Tab〉, 스냅=5 〈Enter〉] → [확인]

14. [어셈블리 구속 조건] 다이얼로그 → [구속 조건] → [동심] 선택 → [구속할 지오메트리/
    두 개체 선택]에서 [종동기어/모서리] 클릭 → [크랭크로드/중심선] 클릭 → [구속 조건]
    → [동심] 선택 → [확인] → [어셈블리 탐색기]에서 [구속 조건/동심(17 DRIVEN GEAR,
    12 CRANK] 확인

15. [어셈블리 구속 조건] → [접촉 정렬] 선택 → [구속할 지오메트리/방향]에서 [중심/축 추정] 선택 → [두 개체 선택]에서 [크랭크 부싱/중심선] 클릭 → [크랭크의 힌지핀 체결부/중심선] 클릭 → [확인] → [어셈블리 탐색기]에서 [구속 조건/정렬(15 CRANK BUSHING, 12 CRANK)] 확인

2.6.8 모터 및 원동기어 조립

01. [어셈블리 탭] → [추가] 클릭 → [컴포넌트 추가]에서 [열기] 클릭 → [19 Motor Support] 선택 → [배치/방향 지정에서 (동적 컴포넌트 이동)] 선택 → [좌표값 입력창/X=0 〈Tab〉, Y=50 〈Tab〉, Z=100 〈Enter〉] → [확인]

02. [어셈블리 구속 조건] 다이얼로그 → [구조 조건]에서 [접촉 정렬] 선택 → [구속할 지오메트리/방향]에서 [중심/축 추정] 선택 → [두 개체 선택]에서 [모터 지지대/모서리] 클릭 → [베이스 플레이트/모서리] 클릭 → [구속 조건]에서 [동심] 선택 → [두 개체 선택]에서 [모터지지대/모서리] 클릭 → [베이스 플레이트/모서리] 클릭 → [확인] → [어셈블리 탐색기]

에서 [구속 조건/정렬(19 MOTOR SUPPORT, 01 BASE PLATE)/동심(19 MOTOR SUPPORT, 01 BASE PLATE)] 확인

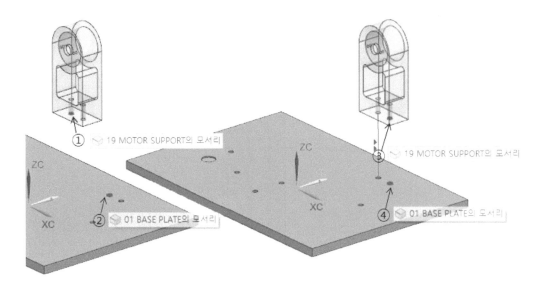

03. [어셈블리 탭] → [추가] 클릭 → [컴포넌트 추가]에서 [열기] 클릭 → [20 Motor] 선택 → [배치/방향 지정에서 (동적 컴포넌트 이동)] 선택 → [좌표값 입력창/X=0 〈Tab〉, Y=100 〈Tab〉, Z=100 〈Enter〉] → [XC축을 중심으로 회전] 선택 → [각도 입력창/각도=90 〈Tab〉, 스냅=5 〈Enter〉] → [확인]

04. [어셈블리 구속 조건] 다이얼로그 → [구조 조건]에서 [동심] 선택 → [두 개체 선택]에서 [모터/모서리] 클릭 → [모터 지지대/모서리] 클릭 → [확인] → [어셈블리 탐색기]에서 [구속 조건/동심(20 MOTOR, 19 MOTOR SUPPORT)] 확인

05. [어셈블리 탭] → [추가] 클릭 → [컴포넌트 추가]에서 [열기] 클릭 → [18 Driver Gear] 선택 → [배치/방향 지정에서 (동적 컴포넌트 이동)] 선택 → [좌표값 입력창/X=0 〈Tab〉, Y=100 〈Tab〉, Z=100 〈Enter〉] → [ZC축을 중심으로 회전] 선택 → [각도 입력창/각도 =180 〈Tab〉, 스냅=5 〈Enter〉] → [확인]

06. [어셈블리 구속 조건] 다이얼로그 → [구조 조건]에서 [동심] 선택 → [두 개체 선택]에서 [원동기어/모서리] 클릭 → [모터/모서리] 클릭 → [확인] → [어셈블리 탐색기]에서 [구속 조건/동심(18 DRIVER GEAR, 18 MOTOR)] 확인

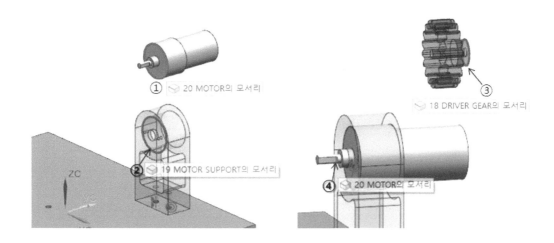

① 🔲 20 MOTOR의 모서리

③ 🔲 18 DRIVER GEAR의 모서리

② 🔲 19 MOTOR SUPPORT의 모서리

④ 🔲 20 MOTOR의 모서리

ZC

YC

2.6.9 빔-엔진 장치의 어셈블리를 위한 구속 조건과 컴포넌트

어셈블리 탐색기

설명이 있는 파트 이름 ▲
📂 단면
- ☑️🔩 Beam Engine Assy(순서: 연도순)
  - 🔩 구속조건
    - ☑️ 고정 (01 BASE PLATE)
    - ☑️ 동심 (02 COLUMN, 01 BASE PLATE)
    - ☑️ 동심 (02 COLUMN, 01 BASE PLATE)
    - ☑️ 접촉 (04 HINGE PIN, 02 COLUMN)
    - ☑️ 동심 (04 HINGE PIN, 02 COLUMN)
    - ☑️ 정렬 (03 LEVER, 04 HINGE PIN)
    - ☑️ 동심 (03 LEVER, 02 COLUMN)
    - ☑️ 접촉 (05 CYLINDER TUBE, 01 BASE PLATE)
    - ☑️ 동심 (05 CYLINDER TUBE, 01 BASE PLATE)
    - ☑️ 접촉 (06 CYLINDER COVER, 05 CYLINDER TUBE)
    - ☑️ 동심 (06 CYLINDER COVER, 05 CYLINDER TUBE)
    - ☑️ 동심 (09 PISTON ROD, 03 LEVER)
    - ☑️ 동심 (09 PISTON ROD, 03 LEVER)
    - ☑️ 접촉 (08 PISTON SHAFT, 06 CYLINDER COVER)
    - ☑️ 정렬 (08 PISTON SHAFT, 09 PISTON ROD)
    - ☑️ 정렬 (08 PISTON SHAFT, 09 PISTON ROD)
    - ☑️ 동심 (07 PISTON, 08 PISTON SHAFT)
    - ☑️ 동심 (10 PISTON SUPPORT BAR, 01 BASE PLATE)
    - ☑️ 정렬 (11 PISTON SUPPORT BEAM, 08 PISTON SHAFT)
    - ☑️ 접촉 (11 PISTON SUPPORT BEAM, 10 PISTON SUPPORT BAR)
    - ☑️ 동심 (16 CRANK SUPPORT, 01 BASE PLATE)
    - ☑️ 동심 (14 CRANK ROLLER, 12 CRANK)
    - ☑️ 동심 (14 CRANK ROLLER, 16 CRANK SUPPORT)
    - ☑️ 동심 (13 CRANK_ROD, 03 LEVER)
    - ☑️ 동심 (13 CRANK_ROD, 03 LEVER)
    - ☑️ 접촉 (15 CRANK BUSHING, 13 CRANK_ROD)
    - ☑️ 동심 (15 CRANK BUSHING, 13 CRANK_ROD)
    - ☑️ 동심 (17 DRIVEN GEAR, 12 CRANK)
    - ☑️ 정렬 (15 CRANK BUSHING, 12 CRANK)
    - ☑️ 정렬 (19 MOTOR SUPPORT, 01 BASE PLATE)
    - ☑️ 동심 (19 MOTOR SUPPORT, 01 BASE PLATE)
    - ☑️ 동심 (20 MOTOR, 19 MOTOR SUPPORT)
    - ☑️ 동심 (18 DRIVER GEAR, 20 MOTOR)

어셈블리 탐색기

설명이 있는 파트 이름 ▲
📂 단면
- ☑️🔩 Beam Engine Assy(순서: 연도순)
  - + 🔩 구속조건
    - ☑️ 01 Base Plate
    - ☑️ 02 Column x 2
    - ☑️ 04 Hinge Pin
    - ☑️ 03 Lever
    - ☑️ 05 Cylinder Tube
    - ☑️ 06 Cylinder Cover
    - ☑️ 09 Piston Rod x 2
    - ☑️ 08 Piston Shaft
    - ☑️ 07 Piston
    - ☑️ 10 Piston Support Bar
    - ☑️ 11 Piston Support Beam
    - ☑️ 16 Crank Support
    - ☑️ 12 Crank
    - ☑️ 14 Crank Roller
    - ☑️ 13 Crank_Rod x 2
    - ☑️ 15 Crank Bushing
    - ☑️ 17 Driven Gear
    - ☑️ 19 Motor Support
    - ☑️ 20 Motor
    - ☑️ 18 Driver Gear

메카트로닉스 시뮬레이션

01 시뮬레이션 소개

1.1 메카트로닉스 시뮬레이션

엔지니어링 시뮬레이션은 제품의 설계 내용을 생산에 적용하기 전에 가상의 사이버 공간에서 디지털 프로토타입을 제작하여 실제 사용 환경과 동일하게 모사한 디지털 모의실험으로부터 성능 평가를 수행한다.

이러한 모의실험으로부터 설계 문제점을 사전에 파악하여 최적의 설계안을 도출함으로써 값비싼 시제품 제작과 성능 평가 시험에 소요되는 비용과 시간을 최소화하는 데 그 목적이 있다.

본 교과에서 다루고 있는 생산 자동화 설비의 설계 과정을 살펴보면

- 기계 구조부재를 설계하고 제작하여 기계 구조부의 조립품을 완성한다.
- 설비의 자동화를 위해 기계 구조부에 액추에이터와 감지 센서를 설치한다.
- 자동화 제어기의 시퀀스 제어 내용을 프로그램화하여 시험 운전을 거쳐, 목표 성능이 달성되면 자동화 설비의 개발을 완료한다.

가상의 사이버 공간에 실제 제조설비와 동일한 가상의 디지털 설비를 제작하여 시뮬레이션함으로써 실제 시제품 제작에 앞서 그 성능을 평가해 볼 수 있다. 즉 기계 구조와 액추에이터 및 센서에 기반을 둔 가상의 디지털 자동화 설비에 시퀀스 제어 프로그램을 사전에 검증할 수 있다는 장점이 있다.

이런 생산 자동화 설비의 디지털 모의실험은 실제 자동화 시스템에 대한 요구 성능 및 설계

목표치를 가상의 사이버 공간상에서 예측함으로써 설계 검증을 위한 시제품 제작과 설비 시운전 과정을 획기적으로 줄일 수 있는 유용한 기술이다.

이는 산업 현장 실무에서 생산 자동화 설비의 개발 프로세스의 속도를 가속화하고, 제조설비의 설치 기간을 단축하며, 그 비용을 최소화함으로써 경쟁사 대비 우위의 경쟁력을 갖도록 한다.

디지털 트윈은 가상의 사이버 공간에서 제작된 디지털 개체가 물리 세계의 자동화 설비에 적용되고, 가상현실에서 시뮬레이션을 통해 현실 세계의 에러 혹은 위험 요소를 제거하게 된다. 즉 시뮬레이션이 단순하게 사전 검증에만 사용되는 게 아니라 디지털 시험 운전 혹은 실제 운영 중에 만들어진 데이터들을 반영해서 가상 시스템을 개선하고 또한 그 결과를 실제 현실 물리 시스템에 반영하는 양방향으로의 실시간 정보 공유가 이루어지게 된다.

본 교재에서는 기계, 전기 및 자동화 분야 간에 연동 작업을 통해 생산 자동화 설비의 복잡한 구동 특성 및 제어 성능을 디지털 모의실험으로 시제품의 시운전에 앞서 검증할 수 있도록 지원하는 지멘스사의 NX MCD를 사용하여 메카트로닉스 시뮬레이션을 수행하는 방법을 학습하고, 이러한 NX MCD로 빔-엔진 장치의 운전 특성을 검증하는 시뮬레이션을 진행한다.

1.2 NX MCD 기능

NX MCD는 기계, 전기 및 자동화 엔지니어들 간의 장벽을 없애는 다분야에 대한 접근 방식을 메카트로닉스 시스템의 설계에 적용할 수 있도록 공학의 서로 다른 분야 간 융합 기능을 제공하는 응용 시뮬레이션 소프트웨어로 주요 특징은 다음과 같다.

• 통합 시스템 엔지니어링 접근 방식

NX MCD를 활용한 시뮬레이션을 통해 메카트로닉스 시스템의 개발 과정에서 발생할 수 있는 예상치 못한 기계와 전기 및 자동 제어 간 통합 시스템의 오류 문제들을 줄일 수 있다. 그리고 다중 엔지니어링 분야 간에 병렬로 연결되어 서로 연동될 수 있도록 맞춤형 솔루션을 제공함으로써 자동화 시스템에 대한 가상 시뮬레이션을 보다 신속하게 처리할 수 있다. 자동화 설비의 구상 설계 혹은 상세 설계 과정의 어느 시점에서나 가상의 통합 디지털 모델을 시뮬레이션으로 연동시켜 다중 엔지니어링 분야 간의 상호작용을 평가할 수 있으므로 더욱더 정확하고 효과적인 자동화 시스템의 개발 의사결정을 내릴 수 있다. 즉 최종 시스템 설계와 제어 프로그램에 대한 신뢰성을 확보하면서 개발 비용을 최소화함과 동시에 그 일정을 획기적으로 줄일 수 있다.

- 다분야의 개방형 인터페이스

NX MCD의 메카트로닉스 시뮬레이션은 설계 목표치를 달성하기 위해 다중 엔지니어링 분야의 전체 입력 데이터를 재정의할 필요 없이, 해당 분야의 데이터만을 수정하여 출력 결과를 분석함으로써 다분야 간 설계에 반영할 수 있다.

✓ 기계 엔지니어는 기계 구조부의 상세 설계도를 도출하기 위해, NX에서 3D 개념 설계 모델을 수정하여 메카트로닉스 시뮬레이션으로 성능 평가 모의시험을 수행하고, 그 결과를 분석하여 기계 구조 설계에 반영할 수 있다.

✓ 전기 엔지니어는 요구 조건에 부합한 센서와 액추에이터를 선정하고, 최적의 위치에 배치하여 그 성능을 메카트로닉스 시뮬레이션으로 검증할 수 있다.

✓ 자동화 엔지니어는 자동 제어 프로그램 개발을 위해 가상의 디지털 자동화 설비의 시간 기반 혹은 이벤트 기반 제어 순서를 변경하여 가상의 모의시험을 통해 최적의 자동 제어 프로그램을 작성할 수 있다.

- 물리 기반 시뮬레이션 기능

NX MCD로 손쉽게 디지털 메카트로닉스 장비를 제작하고, 개발 프로세스를 진행하는 동안 언제든지 가상의 시뮬레이션을 실행할 수 있으며, 다중 엔지니어링 분야 간 상호작용을 평가할 수 있도록 시뮬레이션 환경을 구현할 수 있다.

메카트로닉스 장치 설계 과정에서 운동학, 역학, 충돌, 액추에이터 및 스프링과 캠 등의 설계 검증을 위해 필요한 모든 기계요소를 사용할 수 있고, 시뮬레이션 중에 특정 개체의 위치, 속도, 회전, 가속도 및 힘 등과 같은 물리적 실시간 데이터 정보들을 획득할 수 있다.

- NX MCD의 사용 제약 사항

반면에 NX MCD의 시뮬레이션 기능을 사용할 때, 고려하여야 하는 몇 가지 제한 사항들을 열거하면 다음과 같다.

✓ 해석 솔버는 실제 물리 현상을 단순화한 지배 미분방정식을 사용하므로 주파수 분석과 같은 상세한 다물체 시뮬레이션 결과를 설계 검증에 활용하고자 할 때는 그 해석의 정확성에 대한 신뢰성을 담보하기 어렵다.

✓ 물체 간 충돌을 묘사할 때 시뮬레이션 엔진은 물체에 요소망을 생성하지 않고, 원래 물체 모양에 가까운 단순화된 격자망을 사용한다. 따라서 NX MCD는 형상이 복잡하고 오목한 형태의 물체에 대한 상세한 충돌 문제 해석에 사용이 권장되지 않는다.

✓ NX MCD는 구조 부재의 탄성학적 변형 거동을 평가할 수 있는 유연 다물체 동역학 해석을 지원하지 않는다. 따라서 강체 다물체 동역학 해석만 가능하다.

1.3 기초 이론

동역학은 물체의 운동을 일으키는 힘의 고려 여부에 따라 운동학(Kinematics)과 운동역학(Kinetics)으로 구분할 수 있으며, 운동하는 물체의 기하 형상의 존재 유무에 따라 질점 운동과 강체 운동으로 나눌 수 있다. 좀 더 구체적으로 언급하면 운동학 "Kinematics"에서는 운동을 일으킨 힘은 고려하지 않고 가속도와 속도 및 위치 등에 관한 물체의 운동만을 다룬다.

운동역학 "Kinetics"에서는 운동 방정식 $F=ma$을 고려하여 운동의 원인이 되는 물체에 작용하는 불균형한 힘과 그로 인한 운동 변화량의 관계를 기술한다. 그리고 운동하는 물체의 기하형상에 관한 정보 없이, 질량만을 가진 가상의 점에 대한 운동 특성을 다루는 질점 동역학과 움직이는 물체의 질량뿐만 아니라 기하학적 형상으로 인한 운동 상태와 힘의 관계를 기술하는 강체 동역학이 있다.

물체의 회전운동이란 물체가 회전 중심축을 기준으로 그 자세가 계속 바뀌는 운동을 말하며, 병진운동이란 물체가 회전 없이 평행 이동만 하는 운동을 뜻한다. 질점은 크기가 점만큼 작으므로 회전운동을 고려할 필요가 없지만, 강체는 평행 이동하는 병진운동과 함께 강체의 질량 중심점을 지나는 축을 회전 중심으로 자세가 바뀌는 회전운동과의 결합으로 운동이 기술된다. 따라서 질량뿐만 아니라 기하 형상도 함께 고려된다.

NX MCD는 질점들의 집합체로 외력에 의해 물체의 형태가 변하지 않는 강체에 대한 운동량과 힘의 변화량을 기술하는 강체 동역학 문제를 해석 대상으로 한다. 강체 운동에서 강체에 가해지는 힘의 합력은 강체의 총질량과 질량 중심 가속도의 곱으로 다음 식과 같이 표현할 수 있다.

$$\Sigma F = ma = m\frac{dv}{dt} = \frac{d}{dt}(mv) \tag{3.1}$$

여기서 ΣF는 외력의 합력이고, m은 강체의 질량을 나타내며 a와 v는 각각 강체의 질량 중심에서의 가속도와 속도를 말한다. 그리고 (mv)는 질량과 속도의 곱인 운동량을 의미하고, 강체에 가해진 전체 외력의 합은 강체의 총운동량의 변화율과 같다. 식 (3.1)의 양변에 dt을 곱하고 다시 양변을 시간에 대해 적분하게 되면,

$$\Sigma F dt = m\,dv \tag{3.2}$$

$$\Sigma F \cdot t = m \cdot v \tag{3.3}$$

식 (3.3)과 같이 정리할 수 있다. 여기서 $(F \cdot t)$는 일정 시간 동안 강체에 가해진 힘에 의한 충격량을 의미한다. 또한, 식 (3.1)은 다음과 같이 속도의 함수로서 가속도를 표현할 수 있다.

$$a = \frac{dv}{dt} = \frac{\Sigma F}{m} \tag{3.4}$$

그리고 식 (3.3)을 변위의 함수로서 속도를 다시 정리하면,

$$v = \frac{dx}{dt} = \frac{\Sigma F}{m}t \tag{3.5}$$

이 되고, 이 식을 다시 적분하면 다음과 같이 강체의 질량 중심에 대한 위치 정보를 얻을 수 있다.

$$x = \frac{1}{2}\frac{\Sigma F}{m}t^2 \tag{3.6}$$

만일 강체가 [그림 3-1]과 같이 질량 중심점 G를 지나는 축을 중심으로 회전한다면, 강체에 작용하는 외력과 우력이 회전축에 대해 일으키는 모멘트의 합은 강체의 G에 대한 관성 모멘트와 각 가속도의 곱과 같고, 이는 각 운동량의 축성분에 대한 시간 변화율과도 같다.

$$\sum M_G = I_G \alpha = I_G\frac{d\omega}{dt} = \frac{d(I_G\,\omega)}{dt} = \frac{dH_G}{dt} \tag{3.7}$$

여기서 ΣM_G는 강체의 질량 중심점 G를 지나는 회전축에 대한 모멘트의 합을 의미하고, I_G는

회전 중심축에 대한 관성 모멘트이며, α과 ω는 각각 강체의 각가속도와 각속도를 나타낸다. 그리고 H_G는 G를 중심으로 회전하는 강체의 각운동량으로 관성 모멘트와 각속도의 곱으로 정의된다. 식 (3.1)에서와 같이 강체의 질량이 강체에 가해지는 힘으로 인한 가속도 값을 결정하듯이, 회전 중심축에 대한 강체의 관성 모멘트가 축에 작용하는 모멘트로 인한 각 가속도 값을 결정한다.

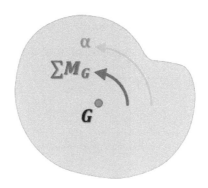

[그림 3-1] 강체의 질량 중심점에 작용하는 모멘트의 합

관성 모멘트는 회전운동을 하는 물체가 현재의 상태나 자세를 계속 그대로 유지하려는 성질로 회전운동을 변화시키기 어려운 정도를 말하며, 병진운동에서의 질량에 대응되는 물리량이다. 관성 모멘트는 회전축 둘레의 질량 분포에 따라 정해지며 강체의 질량이 회전 중심축으로부터 멀리 떨어져 있을수록 커진다. 어떤 주어진 축을 중심으로 회전하는 질점에 대한 관성 모멘트의 크기를 다음과 같이 표현할 수 있다.

$$I = m\,r^2 \qquad\qquad (3.8)$$

여기서 m은 절점의 질량을 의미하고, r은 회전축으로부터 질점까지의 거리를 나타낸다. 그리고 같은 축을 중심으로 회전하는 질점의 집합체로 이루어진 강체에 대한 총 관성 모멘트의 크기는 각 질점에 대한 관성 모멘트의 합으로 다음 식과 같다.

$$I = \sum_i m_i r_i^2 \qquad\qquad (3.9)$$

식 (3.1)의 질량과 식 (3.7)의 관성 모멘트는 NX MCD를 활용한 메카트로닉스 시뮬레이션을 위한 필수 데이터이다. 각 구성 부품의 재질이 선정되고, 그 부품의 기하 형상이 정의되면 이러한 입력 데이터값이 결정된다.

02 NX MCD 시뮬레이션 작업 개요

DIGITAL TWIN

2.1 NX MCD 시작하기

NX 시작 화면에서 [열기] 아이콘을 클릭한 다음, MCD 시뮬레이션을 위한 [어셈블리] 모델을 선택하고 [OK]를 클릭한다. NX 모델링 화면이 나타나면, 리본 메뉴에서 [응용 프로그램] 탭을 클릭하고, [더보기]의 [드롭-다운 리스트]에서 [메카트로닉스 개념 설계자]를 선택하거나, [파일] → [모든 응용 프로그램] → [메카트로닉스 개념 설계자]를 선택하여 MCD 해석을 시작한다.

찾는 위치(I):	Sim	▾	⇦ 🖻 🗋 📷▾
바로 가기	이름		
	Arm01		
	Arm02		
	Arm03		
바탕 화면	Arm04		
	Base		
	Box		
라이브러리	Conveyer		
	Floor		
내 PC	Gripper		
	Light Barrier		☑ 미리보기
	Robot Assy		
네트워크	Turn Unit		

파일 이름(N):	Robot Assy	▾	OK
파일 형식(T):	파트 파일 (*.prt)	▾	취소

메카트로닉스 개념 설계자(MCD: Mechatronics Concepts Designer), MCD의 리본 메뉴는 그 기능에 따라 몇 개의 명령 그룹으로 나누어져 있다. 주메뉴 그룹은 다음과 같이 시뮬레이션, 기계, 전기, 자동화, 설계 공동 작업 등의 그룹으로 구분되어 있다.

① [시뮬레이션] 그룹 명령을 사용하여 가상의 자동화 시스템에 관한 시뮬레이션 결과를 확인하고 분석할 수 있다.

② [기계] 그룹을 사용하여 시스템의 동작 설정을 위한 물리적 속성을 정의할 수 있다.

③ [전기] 그룹은 자동화 시스템에서 활성화되는 전기 관련 기능을 적용하기 위한 명령어로 이루어져 있다.

④ [자동화] 그룹을 사용하여 시뮬레이션 과정에서의 운동학적 및 물리적 속성들을 제어할 수 있다.

⑤ [설계 공동 작업] 그룹을 활용하여 필요한 데이터를 가져오고 내보내는 방식으로 외부 프로그램과 연동할 수 있다.

그 외에 [시스템 엔지니어링] 그룹을 사용하여 메카트로닉스 시스템의 요구사항, 기능, 논리적 모델 및 종속성을 적용하고, [기계 개념] 그룹을 활용하여 시스템의 일부 구성 부품의 모델을 추가하거나 변경할 수 있다.

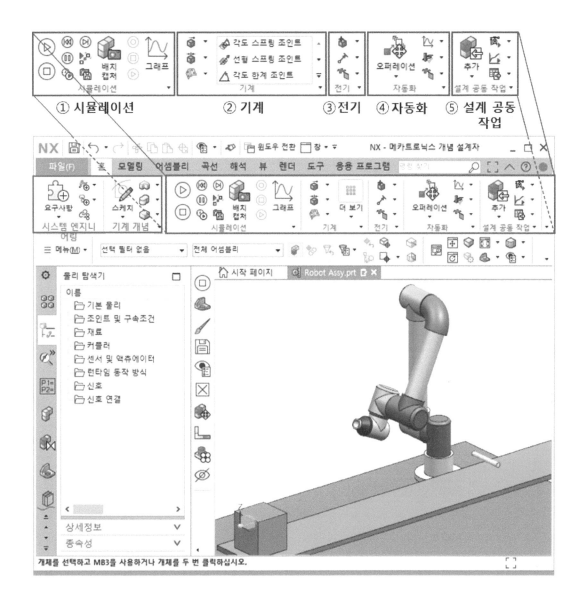

① 시뮬레이션　② 기계　③ 전기　④ 자동화　⑤ 설계 공동 작업

　　또한, MCD의 리소스 바는 화면의 가장자리 막대에 표시되는 사이드 기능 모음 탭으로 물리 탐색기, 런타임 표현식, 어셈블리 탐색기 그리고 시퀀스 편집기 등의 기능들을 명령어 사용 순서대로 차례로 표시해 준다.

　　먼저 [물리 탐색기] 탭을 사용하여 기계요소의 물리적 및 논리적 속성을 직접 지정할 수 있고, 정의된 속성들을 확인할 수 있다.

　　[런타임 수식] 탭을 사용하여 물리 속성 간의 방정식, 비율 및 관계를 정의하기 위해 생성한 표현 식들을 확인할 수 있다.

그리고 [어셈블리 탐색기] 탭을 사용하여 어셈블리에 사용된 구성 요소를 확인할 수 있고, 어셈블리 관련 명령어를 사용할 수 있다.

또한 [순서 편집기]를 사용하여 시간 기반 및 이벤트 기반 제어와 관련한 시퀀스 동작 작업 순서를 생성할 수 있다. 오퍼레이션 명령으로 시간 및 이벤트 기반 제어를 생성한 다음에, 순서 편집기를 사용하여 순차 함수 논리와 유사한 실제 자동화 시스템의 제어 시퀀스 작업을 정의할 수 있다.

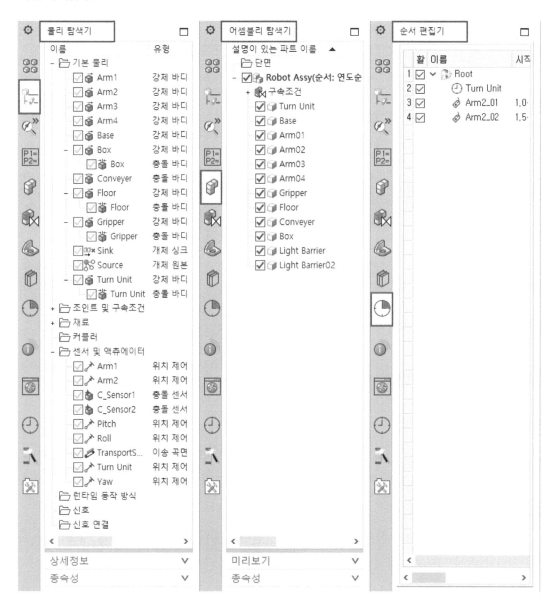

특히 [물리 탐색기] 탭은 설계 과정에서 정의된 기계요소의 물리적 및 논리적 속성에 관한 내용들을 제공한다.

① [기본 물리]: [물리 탐색기]의 계층 구조 트리에서 첫 번째 항목은 [기본 물리]로 자동화 시스템의 구성 요소에 정의된 기본적인 물리적 속성들을 확인할 수 있게 표시해 준다. [기본 물리]에는 강체 바디, [충돌 바디], [개체 원본], [개체 싱크], [이송 곡면] 등의 물리 속성이 포함되어 있다. 동일한 구성 부품에 [충돌 바디]를 적용하면 [강체 바디]가 상위 노드로 표시된다.

② [조인트 및 구속 조건]: 메카트로닉스 자동화 시스템의 구성 부품에 적절한 구속 조건을 정의하고 각 연결부에 관절 요소(조인트)를 설정하여 설계자가 요구하는 수준의 기구 동작이 구현될 수 있도록 한다. [조인트 및 구속 조건]에는 [힌지 조인트], [슬라이딩 조인트], [볼 조인트], [고정 조인트] 등이 있고, [각도 스프링 조인트], [선형 스프링 조인트], [각도 한계 조인트] 및 [선형 한계 조인트] 등이 있다.

③ [재료]: 개체의 충돌 물성을 정의하기 위한 항목이다.

④ [커플러]: 커플러는 두 축 간에 상대운동이 일어나는 물리 현상을 정의하여 동기화하는 방법이다. [커플러]에는 [전기적/기계적 캠], [동작 프로파일], [기어] 및 [랙 및 피니언] 등이 있다.

⑤ [센서 및 액추에이터]: 설계 과정에서 메카트로닉스 시스템에 활용한 센서 및 액추에이터의 목록을 확인할 수 있다. [속도 제어], [위치 제어], [공압/유압 실린더], [공압/유압 밸브] 그리고 [충돌 센서] 및 [거리 센서], [위치 센서] 등이 있다.

⑥ [런타임 동작 방식]: C#에서 프로그래밍 코드를 나타내는 항목이다.

2.2 시뮬레이션 리본 메뉴

[시뮬레이션] 그룹 명령은 메카트로닉스 모델에 기계, 전기 및 자동화와 관련된 물리 속성과 제어 기능들이 정의된 시스템을 시뮬레이션으로 제어할 수 있도록 시작 또는 정지 기능을 제공한다. 그리고 시뮬레이션 과정에서 도출된 모든 데이터를 모니터링할 수 있도록 후처리 기능도 함께 제공한다.

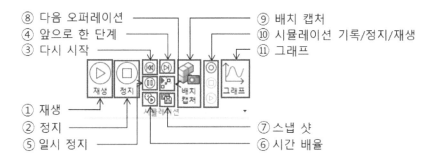

① [재생]: 재생 버튼을 클릭하면 MCD의 시뮬레이션이 동작(시작) 상태로 전환된다. 대부분의 명령 버튼과 사용자 인터페이스는 동작 상태에서 비활성된다.

② [정지]: 정지 버튼을 클릭하면 시뮬레이션 과정의 동작 상태가 종료되고, 시뮬레이션의 초기 상태로 전환된다.

③ [다시 재생]: 다시 재생 명령을 사용하여 시뮬레이션을 다시 시작할 수 있다.

④ [앞으로 한 단계]: 시뮬레이션을 한 단계 앞으로 증분하여 재생할 수 있다.

⑤ [일시 정지]: 일시 정지 명령을 사용하면 시뮬레이션을 일시 중지하고, 애플리케이션을 동작 상태로 유지해 준다.

⑥ [시간 배율]: 시간 배율 명령을 사용하여 시뮬레이션을 느린 동작으로 재생하거나 속도를 높일 수 있다.

⑦ [스냅샷]: 이 기능을 사용하여 시뮬레이션의 스크린 샷을 저장하고, 저장된 타임 스탬프에서 시뮬레이션을 복원하고 재생한다. 스냅샷을 사용하여 시뮬레이션을 다시 시작하면 모든 형상과 인스턴스가 타임스탬프 위치로 반환된다.

⑧ [다음 오퍼레이션]: 다음 오퍼레이션에서 정의된 시뮬레이션만을 재생하려면 이 명령을 사용한다.

⑨ [배치 캡처]: 배치 캡처 명령을 사용하여 시뮬레이션 과정에서 특정 시간에 자동화 시스템의 동작 위치를 저장할 수 있다.

⑩ [시뮬레이션 기록/정지/재생]: 시뮬레이션 기록 명령을 사용하여 재생되고 있는 시뮬레이션을 녹화할 수 있고, 녹화를 중지하려면 정지 버튼을 클릭하면 된다. 그리고 재생 버튼을 클릭하여 녹화된 시뮬레이션 영상을 재생할 수 있다.

⑪ [그래프]: 시뮬레이션이 재생되는 동안 기록된 매개변수와 신호 데이터를 그래프로 확인할 수 있다.

2.3 기계 그룹 도구 모음

[기계] 그룹은 기계공학적인 관점에서 메카트로닉스 시스템의 동작을 정의하는 데 필요한 물리적 속성들을 정의한다.

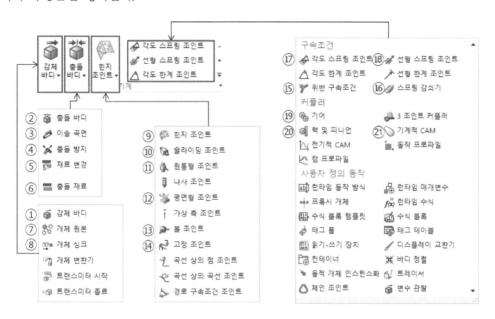

2.3.1. 강체 바디(Rigid Body)

강체 바디는 메카트로닉스 시스템이 외력에 의해 가속도 운동을 할 수 있도록 구성 부품을 강체로 설정하는 기능이다. 즉 MCD에서 강체 바디로 정의된 구성 부품은 그 재질과 기하 형상에 의해 질량과 관성 모멘트가 결정되고, 중력의 영향 아래에서 외력에 의한 가속도 운동을 하게 된다. 강체 바디로 설정되지 않은 구성 부품은 질량체가 아니므로 가속도 운동을 할 수 없다. 따라서 체결된 조립 위치에 완전히 고정된다.

1) 구성 부품 재료 물성값(밀도) 정의

MCD로 메카트로닉스 시뮬레이션을 수행하기 위해서는 각 구성 부품 재료에 대한 밀도값이 반드시 입력되어야 한다. 이 밀도값과 기하 형상을 참조한 체적으로부터 구성 부품의 질량이 결정된다. 따라서 MCD는 각 구성 부품에 재료 물성값을 입력할 수 있도록 재료 속성을 정의할 수 있는 기능을 제공한다.

리소스 바의 표시 줄에서 [어셈블리 탐색기]를 선택하고, 어셈블리 계층 구조에서 재료 물성을 지정하고자 하는 하위 레벨의 구성 부품을 [MB1]으로 더블클릭하여 해당 구성 부품만 활성화가 되도록 한다. 다음으로 메뉴 툴바에서 [메뉴] → [도구] → [재료] → [재료 할당]을 차례로 선택한 다음에 [재료 할당] 다이얼로그에서 원하는 재료 물성을 선정한다. 그리고 [바디 선택]을 위하여 작업 화면에서 해당 구성 부품을 클릭하고, [확인] 버튼을 클릭하면 재료 물성값 정의가 완료된다.

[재료 할당] 다이얼로그에서 해당 재료를 더블클릭하면 그 재료에 대한 밀도, 기계강도, 열전달 계수, 점탄성 등에 관한 물성값들을 확인할 수 있다. 각 어셈블리 계층 구조에서 하위 레벨의 구성 부품에 대한 재료 물성값의 설정이 완료되면, 현재의 해석 대상 모델에 대한 메카트로닉스 시뮬레이션이 가능하도록 최상위 어셈블리 모델을 더블클릭하여 활성화해 준다.

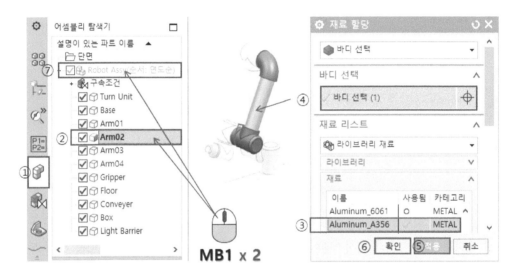

[Aluminum_A356 재료에 대한 기계적, 열적, 전기적 물성값]

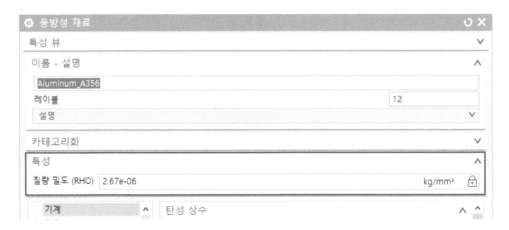

2) 강체 바디 설정하기

 [홈] 탭 → [기계] 그룹 → [강체 바디] 리본 메뉴를 클릭하면 다음과 같은 다이얼
로그 창이 나타난다.

① [개체 선택]: 하나 이상의 3D 구성 부품을 선택하고, 선택된 모든 개체는 하나의 단일 강체로 인식된다.

② [질량 특성]: 이 매개변수를 [자동]으로 설정하는 것이 일반적으로 추천되는 옵션이다. 앞서 [구성 부품 재료 물성값 입력] 부분에서 각 구성 부품에 재료 물성값을 입력하는 방법을 설명하였다. 따라서 입력된 재질의 밀도 값과 구성 부품의 체적에 의해 전체 질량값이 MCD에서 자동으로 계산된다. 만약 사용자 정의로 설정하면 구성 부품의 전체 질량을 사용자가 직접 수동으로 입력하여야 한다.

③ [질량중심 지정]: 강체의 질량 중심이 될 위치 점을 수동으로 선택할 수 있다.

④ [개체의 좌표계 지정]: 관성 모멘트 정의를 위한 참조 좌표계를 수동으로 지정할 수 있다.

⑤ [질량]: 선택된 강체 바디의 질량 중심점에 대한 질량값을 나타낸다.

⑥ [관성]: 각 회전축에 대한 강체의 관성 모멘트 값을 정의할 수 있다. 일반적으로 MCD에서 주어진 구성 부품의 기하 형상을 기반으로 자동으로 계산된다.

⑦ [초기 병진 속도]: 강체의 초기 병진 속도에 대한 크기 값을 입력하고, 또한 그 이동 방향을 벡터로 정의할 수 있다.

⑧ [초기 회전 속도]: 강체의 초기 회전 속도 값 역시 그 크기를 입력하고, 또한 그 회전 중심축을 벡터로 지정할 수 있다.

⑨ [이름]: 강체 바디의 이름을 정의할 수 있다.

2.3.2 충돌 바디(Collision Body)

충돌 바디는 자동화 시스템의 구성 부품이 다른 부품과 서로 부딪쳐 충돌하는 물리현상을 시뮬레이션으로 구현하기 위해 사용하는 기능이다. 충돌 바디로 정의가 안 된 구성 부품은 다른 부품과 서로 부딪칠 때 아무런 제약 없이 관통하여 상대 부품을 통과하게 된다. MCD는 이러한 충돌 물리 현상을 수치 해석적으로 구현하기 위한 매우 효율적인 해석 모델을 제공한다.

1) 충돌 바디의 수치 해석 모델

다음은 MCD에서 제공하는 충돌 바디의 수치 해석 모델의 모양 및 계산에 소요되는 컴퓨터 자원을 나타낸 것이다.

유형	상자	구	원통
모양			
계산 성능	고(High)	고(High)	고(High)

유형	캡슐	블록	메시
모양			
계산 성능	고(High)	중(Medium)	저(Low)

2) 충돌 바디 설정

[홈] 탭 → [기계] 그룹 → [충돌 바디] 리본 메뉴를 클릭하면 다음과 같은 다이얼로 그 창이 나타난다.

① [개체 선택]: 하나 이상의 개체를 선택한다. 선택된 모든 개체는 하나의 충돌 바디로 인식된다.

② [충돌 형상]: 충돌 바디의 해석 모델을 직접 선택할 수 있다. 만약 부품이 도출 혹은 오목한 형태의 복잡한 형상일 경우에는 메시 형상이 권장된다.

③ [형상 특성]: 기본적으로 [자동] 옵션이 권장된다.

④ [점 지정]: [형상 특성]에서 [사용자 정의]를 선택할 때 충돌 개체의 [충돌 형상]에 대한 중심점을 사용자가 직접 지정할 수 있다.

⑤ [좌표계 지정]: 충돌 개체의 [충돌 형상]에 대한 로컬 좌표계를 사용자가 직접 지정할 수 있다.

⑥ [길이/폭/높이]: [사용자 정의]를 선택한 경우에 충돌 개체의 기하학적 형상 정보를 수동으로 입력할 수 있다. 이러한 형상 입력 정보는 어떠한 충돌 형상을 선택하느냐에 따라 달라질 수 있다.

⑦ [충돌 재료]: 선택한 개체가 다른 개체와 충돌 시에 접촉 표면에서의 정지 마찰/동적 마찰/압연 마찰/복원에 관한 물리적 특성을 설정할 수 있다.

⑧ [카테고리]: 동일한 카테고리가 지정된 개체들만 시뮬레이션 과정에서 충돌이 발생하는 것으로 간주한다. 구성 부품이 많은 경우에 이 기능을 사용하여 서로 간 충돌이 발생할 것으로 예측되는 개체들끼리만 충돌 계산이 될 수 있도록 설정함으로써 해석에 소요되는 시간을 크게 줄일 수 있다.

⑨ [이름]: 충돌 바디의 이름을 정의할 수 있다.

2.3.3 이송 곡면(Transport Surface)

이송 곡면은 선택한 표면을 일종의 "컨베이어 벨트"로 바꾸는 물리적 속성을 정의하는 명령이다. 충돌 개체가 이러한 이송 곡면 위에 놓이면 컨베이어 벨트의 구동 방향으로 이송되게 된다. MCD에서는 복잡한 컨베이어 시스템을 시뮬레이션에서 정의할 수 있도록 다양한 기능들을 제공한다.

1) 컨베이어 벨트 설정 기능

① 직선이나 곡선의 이송 곡면을 컨베이어 벨트로 정의할 수 있다.

② 다중 표면을 단일 이송 곡면으로 설정할 수 있다.

③ 경사진 곡면이 있는 컨베이어 벨트 시스템을 구현할 수 있도록 평면이 아닌 경사진 면에 이송 곡면을 정의할 수 있다.

|직선 이송 곡면|다중 이송 곡면|곡선 이송 곡면|

2) 직선 동작 컨베이어 벨트 설정

 [홈] 탭 → [기계] 그룹 → [이송 곡면] 리본 메뉴를 클릭한다.

① [면 선택]: 자동화 시스템에서 직선 동작 이송 표면으로 지정할 면을 선택할 수 있다.

② [동작 유형]: 이송 곡면의 동작 유형을 직선 또는 원형으로 지정할 수 있다. 다음의 다이얼로그는 동작 유형이 직선 동작일 경우에 대한 이송 곡면 다이얼로그 설명이다.

③ [벡터 지정]: 직선 이송 곡면의 운송 방향을 벡터로 지정할 수 있다.

④ [평행]: 선택된 벡터 방향의 속력값을 입력한다,

⑤ [직교]: 벡터의 직교 방향 속력값을 입력한다.

⑥ [시작 위치-평행]: 이송 곡면의 평행 시작 위치를 설정
  할 수 있다. 위치 제어 액추에이터로 가동 범위를 적
  용할 때, 초기 위치를 설정하는데 사용할 수 있다.

⑦ [시작 위치-직교]: 위치 제어 액추에이터를 사용할 때
  수직 방향으로의 시작 위치를 설정할 수 있다.

⑧ [충돌 재료]: 이송 곡면에 할당할 충돌 재료를 선택할
  수 있다. 다른 개체와 충돌 시에 이송 표면에서의 정
  지 마찰/동적 마찰/압연 마찰/복원에 관한 물리적 특
  성을 설정할 수 있다.

⑨ [이름]: 이송 곡면의 이름을 정의할 수 있다.

3) 원 동작 컨베이어 벨트 설정

① [면 선택]: 자동화 시스템에서 원 동작 이송 표면으로 지정할 면을 선택할 수 있다.

② [동작 유형]: 이송 곡면의 동작 유형을 직선 또는 원형으로 지정할 수 있다. 다음의 다이
  얼로그는 동작 유형이 원 동작일 경우에 대한 이송 곡면 다이얼로그 설명이다.

③ [중심점]: 작업 화면에서 원 이송 곡면의 호(arc)의 중심점을 MB1으로 선택한다.

④ [중심값 반경]: 원 이송 컨베이어 벨트 곡면에서 원형 벨트의 내경과 외경의 중간 지름에
  대한 반경값을 입력한다,

⑤ [중간값 속도]: 호 이송 곡면의 컨베이어 벨트에 대한
　　회전속도를 정의할 때, 원형 벨트의 중간 지름에서의
　　속도값을 입력한다.

⑥ [초기 위치]: 이송 곡면의 초기 위치를 설정한다.

⑦ [충돌 재료]: 호 이송 곡면에 할당할 충돌 재료를 선
　　택할 수 있다. 다른 개체와 충돌 시에 컨베이어 벨트
　　표면에서의 정지 마찰/동적 마찰/압연 마찰/복원에
　　관한 물리적 특성을 설정할 수 있다.

⑧ [이름]: 원 동작 이송 곡면의 이름을 정의할 수 있다.

2.3.4 충돌 방지(Prevent Collision)

　[충돌 방지] 제약 조건은 [충돌 바디]로 설정된 두 개체가 더 이상 서로 충돌하지 않도록 정
의한다. 즉 부딪치는 순간에 서로의 바디를 관통하여 지나치게 된다. 이러한 [충돌 방지] 명령
을 사용하여 [충돌 센서]와의 충돌을 회피할 수 있다.

• 충돌 방지 설정

 　　[홈] 탭 → [기계] 그룹 → [충돌 방지]를 클릭한다.

① [첫 번째 바디 선택]: 두 바디 중에서 첫 번째 바디

② [두 번째 바디 선택]: 두 바디 중에서 두 번째 바디

③ [이름]: [충돌 방지] 설정에 대한 이름을 정의

2.3.5 재료 변경(Change Material)

[충돌 방지]는 두 바디 간 충돌 현상을 무효화하지만, [재료 변경]은 두 특정 바디가 서로 부딪칠 때 충돌 거동에 관한 재료 물성값을 정의한다.

- 재료 변경

    [홈] 탭 → [기계] 그룹 → [재료 변경]를 클릭한다.

① [첫 번째 바디 선택]: 두 바디 중에서 첫 번째 바디

② [두 번째 바디 선택]: 두 바디 중에서 두 번째 바디

③ [충돌 재료]: [재료] 목록에서 미리 정의된 [충돌 재료]를 선택하거나, [새 충돌 재료]를 클릭하여 [재료] 목록에 새 재료를 생성하고, 새 재료를 [충돌 재료]로 지정할 수 있다.

④ [이름]: [재료 변경]의 이름을 지정한다.

2.3.6 충돌 재료(Collision Material)

충돌 재료는 충돌 바디 및 이송 곡면이 다른 개체와의 충돌 및 접촉 시에 마찰 또는 바운스 효과를 조정하는 데 사용된다.

- 충돌 재료 설정

    [홈] 탭 → [기계] 그룹 → [충돌 재료]를 클릭한다.

① [동적 마찰]: 두 개체가 충돌하여 움직일 때, 접촉 표면에서의 마찰이다. 일반적으로 0과 1 사이의 값을 사용한다. 0이면 얼음처럼 미끄러지고, 1이면 개체가 큰 힘이 작용하지 않는 한 아주 많이 빨리 정지한다.

② [정적 마찰]: 개체가 마찰 표면 위에 가만히 놓여 정지하고 있을 때 사용되는 마찰이다. 일반적으로 0과 1 사이의 값

을 갖는다.

③ [압연 마찰]: 구면, 실린더 또는 휠과 같은 충돌 바디가 접촉 표면을 굴러갈 때, 회전운동을 방해하는 저항력에 사용되는 마찰이다. 강체의 바퀴가 변형이 없는 도로 위를 굴러 갈 때, 이론적으로 바퀴와 도로면 사이에 미끄럼 마찰이 존재하지 않지만, 현실 물리 세계에서는 탄성 특성으로 인해 바퀴와 도로 표면이 모두 변형되므로 운동을 방해하는 저항력이 발생한다.

④ [복원(반발)]: 충격 시에 가해지는 힘을 흡수하거나 반사하는 재료의 능력을 말한다. 반발 계수가 1이면 에너지 손실 없이 탄성 충돌하여 바운스되고, 0이면 완전 비탄성 충돌로 충돌한 물체와 붙어서 바운스되지 않는다.

⑤ [이름]: 충돌 재료의 이름을 정의할 수 있다.

2.3.7 개체 원본(Object Source)

[개체 원본] 명령은 동일한 개체를 간단히 복제하여 처리할 수 있는 매우 유용한 기능이다. 이 기능은 자동화 기기에서 제품이 공정 흐름을 따라 일정한 시간 간격을 두고, 계속 흘러갈 수 있도록 개체를 자동으로 생성함으로써 메카트로닉스 시스템의 재료 공정 흐름을 손쉽게 모델링 할 수 있다.

- 개체 원본 설정

[홈] 탭 → [기계] 그룹 → [개체 원본] 리본 메뉴를 클릭한다.

① [개체 선택]: 시스템에서 복제될 개체를 선택한다.
② [트리거]: 복제를 트리거하는 방법(시간 기반/활성화 시한 번)을 지정할 수 있다.
  ✓ 트리거 방법(시간 기반) → 개체는 지정 시간 간격으로 복제된다.
  ✓ 트리거 방법(활성화 시 한번) → 개체는 활성화당 한 번

만 복제된다.

③ [시간 간격]: 트리거 목록에서 시간 기반을 선택한 경우에, 시간 간격을 초 단위로 설정한다.

④ [시작 옵션]: 시간 기반을 선택한 경우에, 첫 번째 개체가 복제될 때까지 대기할 시간을 초 단위로 설정한다.

⑤ [이름]: 개체 원본의 이름을 지정할 수 있다.

2.3.8 개체 싱크(Object Sink)

[개체 싱크] 명령은 생성된 개체 복제본을 간단히 삭제 처리할 수 있는 기능이다. 이 기능은 자동화 기기에서 제품이 공정 흐름을 따라 일정한 시간 간격을 두고, 계속 흘러갈 때 충돌 센서에 감지되면 [개체 원본] 명령으로 생성된 복제본을 삭제함으로써 [개체 원본]과 함께 메카트로닉스 시스템의 재료 공정 흐름을 검증하기 위한 모델링에 많이 활용된다.

• 개체 싱크 설정

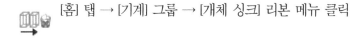
[홈] 탭 → [기계] 그룹 → [개체 싱크] 리본 메뉴 클릭

① [충돌 센서 선택]: [개체 싱크] 작업을 트리거할 충돌 센서를 선택할 수 있다.

② [원본]: [임의] 또는 [선택한 항목만]의 두 옵션을 선택할 수 있다. [임의]는 충돌 센서와 충돌하는 모든 복제본을 삭제한다. 반면에 [선택한 항목만]은 선택된 [개체 원본]이 충돌 센서와 충돌할 때 그 복제본을 삭제한다.

③ [개체 선택]: 두 옵션 중에서 [선택한 항목만]을 선정한 경우에, 앞서 설정된 [개체 원본]들 중에서 선택할 수 있다.

④ [이름]: [개체 싱크]의 이름을 정의할 수 있다.

2.3.9 힌지 조인트(Hinge Joint)

조인트는 MCD 시뮬레이션에서 구성 부품들을 서로 연결하는 관절 요소로 사용되고, 자유로운 운동을 하던 구성 부품을 특정한 움직임만 가능하도록 제한시킨다.

그중에서 [힌지 조인트]는 첨부물 바디와 기준 바디 간 공유 절점(고정 점)에 동일한 직교 좌표계의 운동 좌표계(첨부물)와 고정 좌표계(기준)를 각각의 절점에 생성하고, 6-DOF(자유도) 중에서 고정 좌표계의 한 축에 대한 회전운동만 가능하도록 운동 좌표계의 3축 방향으로의 병진운동과 나머지 2축을 중심으로 한 회전운동을 고정 좌표계에 일치시켜 구속한 것을 말한다.

- 힌지 조인트 설정

 [홈] 탭 → [기계] 그룹 → [힌지 조인트] 리본 메뉴를 클릭

① [첨부물]: [힌지 조인트]에 의해 구속되어야 하는 강체
② [기준]: 이 첨부물에 연결되어야 하는 강체. 만약 [기준] 선택을 하지 않으면 임의의 공간이 첨부물에 연결된다.
③ [축 벡터]: 회전축 벡터 지정
④ [고정 점]: 벡터의 회전 중심점 지정
⑤ [시작 각도]: 시뮬레이션이 실행되고 있지 않을 때, 첨부물의 초기 위치를 지정

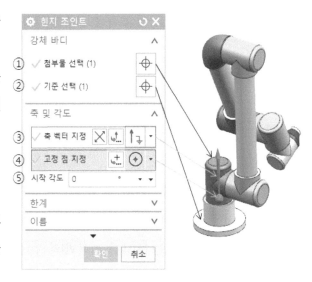

2.3.10 슬라이딩 조인트(Sliding Joint)

슬라이딩 조인트는 두 강체 사이의 공유 절점에 정의된 좌표계에서 한 축 방향으로의 병진운동만이 가능하도록 구속한 조인트이다. 즉 축 벡터로 지정한 방향으로의 병진운동만이 가능하므로 운동 좌표계(첨부물)의 6-DOF 중에서 병진 2개와 회전 3개의 자유도를 고정 좌표계(기준)와 일치시켜 구속함으로써 1-DOF만 갖는다.

- 슬라이딩 조인트 설정

 [홈] 탭 → [기계] 그룹 → [슬라이딩 조인트] 리본 메뉴를 클릭

① [첨부물]: [슬라이딩 조인트]에 의해 구속되어야 하는 강체

② [기준]: 이 첨부물에 연결되어야 하는 강체. 만약 [기준] 선택을 하지 않으면 임의의 공간이 첨부물에 연결된다.

③ [축 벡터]: 직선운동을 위한 축 벡터 지정

④ [옵셋]: 시뮬레이션이 실행되고 있지 않을 때, 첨부물의 초기 위치를 지정

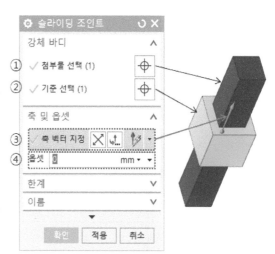

2.3.11 원통형 조인트(Cylindrical Joint)

원통형 조인트는 두 강체 사이의 공유 절점(고정 점)에 정의된 두 좌표계에서 한 축 방향으로의 병진운동과 그 축을 중심으로 회전운동이 가능하도록 설정한 조인트이다. 지정한 축에 대한 병진운동과 회전운동이 가능하므로 6-DOF 중에서 첨부물의 운동 좌표계에서 병진 2개와 회전 2개가 기준의 고정 좌표계에 구속된다.

- 원통형 조인트 설정

 [홈] 탭 → [기계] 그룹 → [원통형 조인트] 리본 메뉴 클릭

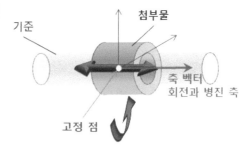

2.3.12 평면형 조인트(Cylindrical Joint)

평면형 조인트는 두 강체 사이의 공유 절점에 정의된 두 좌표계에서 첨부물의 운동 좌표계가 기준의 고정 좌표계에 대해 X-Y 평면 위에서 미끄러짐과 평면의 수직축에 대한 회전운동이 가능하도록 자유도를 구속한 조인트이다.

- **평면형 조인트 설정**

   [홈] 탭 → [기계] 그룹 → [평면형 조인트] 리본 메뉴 클릭

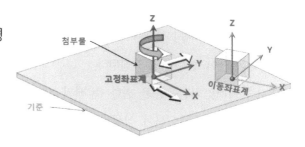

2.3.13 볼 조인트(Ball Joint)

볼 조인트는 두 강체 사이의 공유 절점(고정 점)에서 정의된 운동 좌표계의 모든 축에 대한 회전운동만 가능하고 병진운동이 불가능한 조인트이다. 회전운동만이 가능하므로 6-DOF 중에서 병진 3개의 자유도가 구속된다.

- 볼 조인트 설정

   [홈] 탭 → [기계] 그룹 → [볼 조인트] 리본 메뉴 클릭

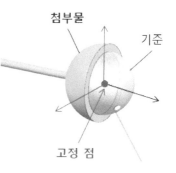

2.3.14 고정 조인트(Fixed Joint)

고정 조인트는 두 바디 사이에 상대 운동이 없는 강체 연결을 제공한다. 즉 두 바디는 하나의 바디처럼 운동하므로 6개의 모든 자유도가 구속된다.

- 고정 조인트 설정

   [홈] 탭 → [기계] 그룹 → [고정 조인트] 리본 메뉴 클릭

2.3.15 위반 구속 조건(Breaking Constraint)

[위반 구속 조건]은 두 강체 사이의 공유 절점에 생성한 조인트에 어떤 설정값 이상의 힘과 토크가 발생하면, 조인트 연결을 해제할 수 있도록 설정하는 명령어이다. 즉 조인트가 두 물체를 연결하여 견딜 수 있도록 설계한 최대 힘이나 최대 토크 이상의 외력이 조인트에 작용할 때, 파손되는 물리 현상을 묘사한 것이다.

따라서 사용자가 지정한 값 이상의 힘이나 토크가 조인트에 발생하면, 공유 절점에서 두 강체의 구속을 해제하고 더 이상 운동을 제한하지 않는다.

• 위반 구속 조건 설정

> [홈] 탭 → [기계] 그룹 → [선형 스프링 조인트] 리본 메뉴 클릭

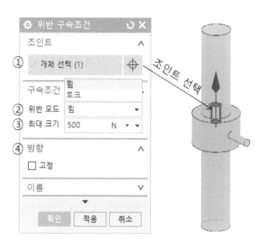

① [개체]: 조인트를 선택한다.
② [위반 모드]: 조인트가 힘이나 토크 중에서 어떠한 모드에 의해 파손되는지를 선택한다.
③ [최대 크기]: 조인트가 파손될 때의 최대 하중 또는 최대 토크 값을 입력한다.
④ [방향]: 힘의 방향을 벡터로 지정할 수 있다. 만약 벡터가 정의되지 않으면 모든 방향의 힘을 고려한다.

2.3.16 스프링 감쇠기(Spring Damper)

[스프링 감쇠기]는 두 강체 사이의 공유 절점에 생성한 조인트에 힘 또는 토크를 가하는데 사용되는 명령어이다. [스프링 감쇠기]의 운동은 선형 혹은 회전으로 정의할 수 있으며, 스프링은 조인트에 작용하는 힘에 의해 이완과 수축을 반복하고, 감쇠기는 이러한 스프링이 반복 운동하는 과정에서 그 움직임을 억제시키는 역할을 한다. 즉 스프링의 운동 에너지를 소산시킨다.

조인트의 유형에 따라 선형 스프링 감쇠기 또는 회전 스프링 감쇠기를 조인트에 설정할 수

있다. 이러한 [스프링 감쇠기]를 정의할 때, ① 스프링 강성과 ② 감쇠 및 ③ 중립 위치에 대한 값들이 필요하다. 우선 다음의 질량-스프링-감쇠기 시스템을 살펴보자.

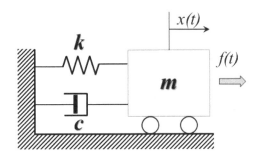

[그림 3-2] 질량-스프링-감쇠기 시스템

질량-스프링-감쇠기 시스템에서 질량 m을 오른쪽으로 힘 $f(t)$로 잡아당기면, 이 질량체는 뉴턴의 가속도 법칙에 따라 다음 식과 같이 가속도 운동을 하게 된다.

$$\Sigma F = ma = m\ddot{x}(t) \tag{3.10}$$

이때 스프링은 늘어나는 길이만큼 운동하는 질량체를 잡아당기게 되고, 반대로 줄어든 길이만큼 질량체를 밀어내게 된다. 즉 스프링에는 질량체를 원래 상태로 되돌리려고 하는 다음과 같은 복원력이 작용하게 된다.

$$F_{spring} = kx(t) \tag{3.11}$$

여기서 k는 [스프링 감쇠기]의 다이얼로그에서 입력해야 할 ① 스프링 강성 값으로 단위 길이당 스프링에 축적되는 힘[N/mm]을 의미한다.

그리고 감쇠기에는 잡아당기는 힘에 의한 질량체의 변화 속도에 비례하여 그 운동을 방해하려는 다음과 같은 감쇠력이 작용하게 된다.

$$F_{damper} = c\dot{x}(t) \tag{3.12}$$

여기서 c는 [스프링 감쇠기]에서 ② 감쇠계수에 해당하는 값으로 변화 속도가 빠르면 빠를수록 운동을 방해하려는 감쇠력[Ns/mm]이 커지는 것을 의미한다.

만약 질량 m을 오른쪽으로 당기는 힘 $f(t)$와 스프링과 감쇠기가 질량 m을 끌어당기는 힘이 같다면 질량체는 움직이지 않을 것이다. 즉 오른쪽으로 잡아당기는 힘을 정방향(+)이라고 가정하면, 질량 m에 작용하는 힘의 총 합력은 다음과 같다.

$$\Sigma F = f(t) - F_{spring} - F_{damper} \tag{3.13}$$

이러한 식 (3.10)과 (3.13)으로부터 다음과 같은 운동 방정식을 얻을 수 있다.

$$m\ddot{x}(t) + c\dot{x}(t) + kx(t) = f(t) \tag{3.14}$$

이 운동 방정식은 모든 질량체가 외력 f(t)를 받으면 진동을 하게 되고, 스프링은 이러한 진동으로 인해 변형된 길이만큼 복원 에너지를 스프링에 축적하고, 반면에 감쇠기는 이 떨림 현상을 줄여 결국 진동 에너지를 소멸시키는 물리적 기능을 담당한다. 여기서 감쇠계수 c와 스프링 상수 k 값은 [스프링 감쇠기] 다이얼로그에서 입력해야 할 물리적 속성들이다.

그리고 ③ 중립 위치는 스프링이 조인트에 설치될 때 스프링에 압축력이나 인장력이 작용하지 않을 때의 자유 길이 또는 각도를 의미한다. [스프링 감쇠기]에서 예압(Preload)이 없는 경우에는 자유 길이와 자유 각도값을 0으로 입력하면 된다. 만약 예압(Preload) 길이나 예압 각도를 입력하고자 할 때, 양수를 입력하면 스프링이 인장되어 늘어난 경우를 의미하고, 음수를 입력하면 스프링이 압축되어 줄어든 경우를 의미한다.

- 스프링 감쇠기 설정

 [홈] 탭 → [기계] 그룹 → [스프링 감쇠기] 리본 메뉴 클릭

① [축 조인트 선택]: 두 개체 간에 미리 설정된 조인트를 선택한다.
② [축 유형]: 실린더 조인트일 경우에 병진운동은 선형 축 유형이고 회전운동은 각진 축 유형에 해당한다.
③ [스프링 상수]: 스프링의 변형에 대한 복원력의 크기를 결정하는 스프링 상숫값을 입력한다.

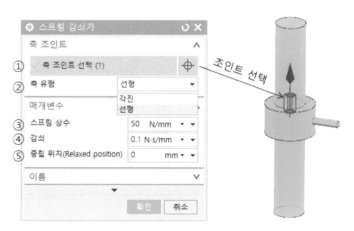

④ [감쇠]: 강체가 운동할 때 운동을 방해하는 감쇠력에 대한 감쇠계수를 입력한다.

⑤ [중립 위치]: 스프링의 예압과 관련된 항목으로 설정 조인트의 스프링에 압축과 인장에 관한 예압이 없는 경우에는 자유 길이로 영(0) 값을 입력한다.

2.3.17 각도 스프링 조인트(Angular Spring Joint)

[각도 스프링 조인트]를 사용하여 두 바디 사이의 회전 각도가 변경될 때, 그 회전운동을 방해할 수 있도록 토크 저항력을 생성할 수 있다. 회전 각도는 [첨부물]과 [기준]을 정의할 때 지정한 두 벡터에 의해 결정된다. 그리고 회전운동에 대한 토크의 크기를 정의하기 위해서 회전 스프링 상수와 감쇠값을 입력하고, 중립 위치에 자유 각도값을 입력하여야 한다. 만약 예압이 없다면 두 벡터의 지정에 의한 회전 각도값을 입력하면 된다.

• 각도 스프링 조인트 설정

 [홈] 탭 → [기계] 그룹 → [각도 스프링 조인트] 리본 메뉴 클릭

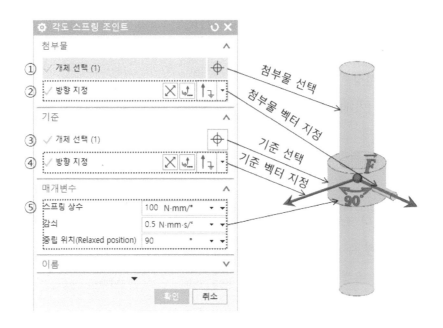

2.3.18 선형 스프링 조인트 (Linear Spring Joint)

[선형 스프링 조인트]를 사용하여 두 강체가 서로 간에 상대운동을 하며 이동할 때, 이러한 선형운동을 방해할 수 있도록 선형 저항력을 생성할 수 있다. 이는 [각도 스프링 조인트]와 그 사용 쓰임새가 같다. [각도 스프링 조인트]는 두 강체 간의 회전 각도에 따른 토크 저항력을 생성하는 반면에, 선형 스프링 조인트는 직선운동을 하는 두 물체 사이의 상대적인 이동 거리에 따른 선형 저항력을 정의한다.

[선형 스프링 조인트]를 정의하기 위해서는 첨부물 개체와 기준 개체를 각각 선택하고, 첨부물 개체와 기준 개체에 선형 스프링의 자유 길이를 결정하기 위한 점을 지정한다. 이 선형 스프링을 정의하기 위해서는 선형 스프링 상수와 감쇠값, 그리고 두 점 간의 스프링 길이에 대한 중립 위치값을 입력하여야 한다. 만약 예압이 없다면 첨부물 개체와 기준 개체를 정의할 때 지정한 점 간의 길이가 바로 스프링의 자유 길이가 된다. 만약 중심 위치에 입력한 값이 지정한 점 간의 스프링 길이보다 작다면 이는 스프링이 인장되어 있는 상태로 (두 점 간의 거리)에 입력 자유 길이를 뺀 값이 인장 길이가 된다. 반대로 입력 길이가 더 크다면 이는 스프링이 압축되어 있다는 의미이다.

- 선형 스프링 조인트 설정

  [홈] 탭 → [기계] 그룹 → [선형 스프링 조인트] 리본 메뉴 클릭

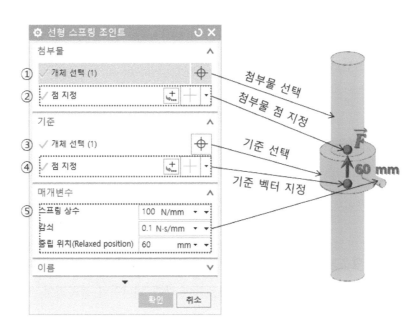

2.3.19 기어(Gear)

MCD에서 기어는 두 축 사이에서 힘을 전달할 때 동력이 들어오는 원동기어와 동력이 나가는 종동기어가 한 쌍으로 정의되어, 원동기어에 정의된 회전 조인트의 회전 동작을 종동기어에 정의된 힌지 조인트 또는 원통 조인트에 고정된 비율로 회전력이 전달될 수 있도록 두 축의 동작을 연결하는 커플러로 사용된다. 이러한 기어 커플러는 자동화 시스템의 동력 전달 장치에서 두 회전축이 일정한 회전비를 유지하도록 설정된다.

- 기어 커플러 설정

 [홈] 탭 → [기계] 그룹 → [Gear] 리본 메뉴 클릭

① [마스터]: 원동기어로 지정될 회전 조인트를 선택한다.

② [종속]: 종동기어로 지정할 회전 조인트를 선택한다.

③ [다중 마스터]: 기어비에서 종동기어 잇수를 입력한다.

④ [다중 종속]: 기어비에서 원동기어의 잇수를 입력한다. 기어비 n은 식 (1-5)에 나타낸 바와 같이 (원동기어 잇수, Z_A) / (종동기어 잇수, Z_B) 이다. 따라서 다중 마스터에는 원동기어에 대응되는 종동기어의 잇수를 입력하고, 다중 종속에는 반대로 원동기어의 잇수를 입력하면 된다.

⑤ [미끄럼]: 벨트 구동으로 인해 기어가 약간 미끄러질 수 있는 상태를 허용한다.

2.3.20 랙 및 피니언(Rack and Pinion)

MCD에서 랙 및 피니언은 직선을 따라 선형운동하는 슬라이더 조인트와 중심축을 기준으로 회전하는 회전 조인트 사이의 상대운동을 정의하는 커플러를 말한다.

① [마스터]는 선형운동하는 슬라이더 조인트를 선택하고, ② [종속]은 회전운동 하는 힌지 조인트를 지정한다. 그리고 접촉점 옵션을 이용하여 랙과 피니언의 접촉점의 위치를 그래픽으

로 지정할 수 있으며, 여기서 ③ [반경]은 피니언의 피치원 지름에 대한 반경을 의미한다. 그리고 ④ [미끄럼]은 기어의 경우와 동일한 의미로 사용된다.

- 기어 커플러 설정

 [홈] 탭 → [기계] 그룹 → [Gear] 리본 메뉴 클릭

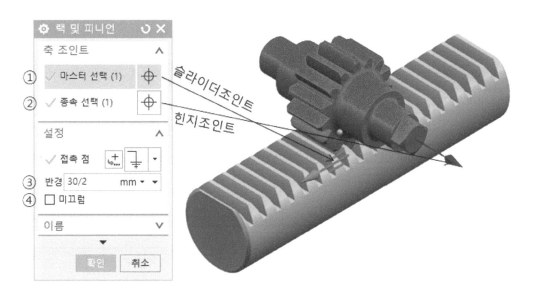

2.3.21 기계적 CAM(Mechanical Cam)

[기계적 CAM] 명령을 사용하여 동력이 공급되는 [마스터 축]과 캠을 통해 출력되는 [종속 축] 간의 운동을 연결하고 [동작 프로파일]에 의해 결정된 관계를 유지하도록 강제하는 캠 커플러를 생성한다. 모션의 반력이 마스터 축으로 다시 전달되기를 원할 때 이 명령을 사용할 수 있다.

- 기어 커플러 설정

 [홈] 탭 → [기계] 그룹 → [기계적 CAM] 리본 메뉴 클릭

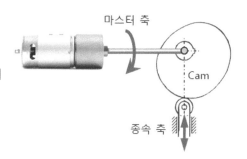

① [마스터]: 힌지 조인트 또는 슬라이딩 조인트를 마스터로 선택할 수 있다.

② [종속]: 힌지 조인트 또는 슬라이딩 조인트를 종속으로 선택할 수 있다.

③ [프로파일]: 캠에 대한 기존 [동적 프로파일]을 선택할 수 있다.

④ [새 동작 프로파일]: [동작 프로파일] 또는 [캠 프로파일] 다이얼로그 창을 열고 일반 또는 캠 모션 프로파일을 생성할 수 있다.

⑤ [마스터 옵셋]: 마스터 축에서 캠의 시작점을 설정

⑥ [종속 옵셋]: 종속 축에서 캠의 시작점을 설정

⑦ [마스터 배율 계수]: 마스터 축의 동적 배율을 설정할 수 있다.

⑧ [종속 배율 계수]: 종속 축에 대한 동적 배율을 설정할 수 있다.

⑨ [미끄럼]: 벨트 구동을 시뮬레이션하기 위해 커플러에 약간의 슬립을 허용한다.

⑩ [캠 디스크]: 캠 로브를 지정된 캠 프로파일을 기반으로 하는 스케치 곡선 또는 솔리드 바디로 생성시킬 수 있다.

⑪ [이름]: 캠의 이름을 정의한다.

⑫ [확인]: 확인을 클릭하여 [기계적 CAM] 명령을 종료한다.

2.4 전기 그룹 도구 모음

메카트로닉스 시스템의 기구학적 운동을 위한 정의를 [기계] 그룹에서 완료한 이후에, [전기] 그룹에서 조인트를 구동하기 위한 액추에이터를 추가하고, 이를 제어하기 위한 센서를 장착하여, 구동 중인 자동화 시스템에서 필요한 정보를 실시간으로 모니터링할 수 있다. 이처럼 일반

화된 액추에이터를 자동화 시스템에 추가할 수 있지만, 실제 액추에이터의 기하 형상 정보나 정상 상태 도달까지의 시간 지연과 같은 특정 동작 상태를 구현할 수 없다는 단점이 있다. MCD는 위치 제어와 속도 제어에 관한 두 가지 유형의 일반화된 액추에이터를 제공한다.

이처럼 일반화된 액추에이터를 자동화 시스템에 추가하여 그 동작 특성을 평가함으로써 설계 프로세스 초기에 시스템에 필요한 액추에이터나 센서의 목록을 생성할 수 있다. 이를 통해 제어 엔지니어는 시간 기반 동작으로 시작하여 이벤트 기반 제어가 뒤따르는 기계의 기본 논리적 동작을 설계할 수 있다.

2.4.1 위치 제어(Position Control)

조인트의 자세나 위치 정보를 구동 파라미터로 사용하는 일반화된 액추에이터를 생성하려면 [위치 제어] 명령을 사용한다. 이때 강체가 지정된 위치를 따라 운동할 수 있도록 액추에이터를 기존 조인트에 적용하여야 한다.

예를 들어 지정된 각도만큼 회전운동을 하는 수직 다관절 로봇의 힌지 조인트에 [위치 제어] 액추에이터를 적용하거나, 엘리베이터와 같이 특정 높이로 제한된 직선거리를 구동하도록 정의된 슬라이딩 조인트에 [위치 제어] 액추에이터를 적용할 수도 있고, 운송 곡면에 [위치 제어] 액추에이터를 적용하여 특정 거리에서 정지하는 컨베이어 시스템을 생성할 수도 있다. 또한, [위치 제어] 액추에이터의 힘과 토크를 제어할 신호(signal)를 선택할 수 있다.

- 위치 제어 설정

 [홈] 탭 → [전기] 그룹 → [위치 제어] 리본 메뉴 클릭

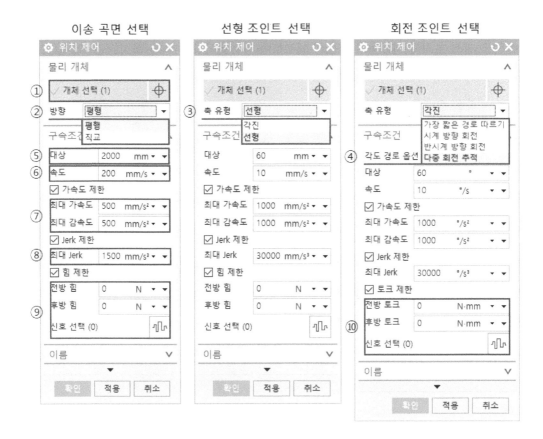

① [개체]: 액추에이터로부터 전달된 동력을 선형 조인트(슬라이딩 조인트, 원통 조인트의 선형)나 회전 조인트(힌지 조인트, 원통 조인트의 회전) 혹은 이송 곡면에 지정할 수 있다.

② [방향]: 이송 곡면을 선택한 경우에 이송 곡면의 운동 방향과 같으면 평행을 선택하고, 수직일 경우에는 직교를 선택한다.

③ [축 유형]: 원통 조인트일 경우에 축 유형을 선형 혹은 각진(회전) 중에서 선택한다.

④ [각도 경로 옵션]: 회전 조인트를 선택한 경우에 사용할 수 있는 옵션이다. 운동 방향과 경로를 지정할 수 있다.

⑤ [대상] (Destination): 조인트의 최종 운동 거리나 회전 각도를 설정한다.

⑥ [속도]: 일정한 병진운동 속도나 회전운동 속도를 설정한다.

⑦ [최대 가속도/감속도]: 최대 가속 및 최대 감속값을 입력할 수 있다.

⑧ [최대 Jerk]: [가속도 제한]을 선택하면 활성화된다. 가속도의 변화율을 제한하는 최대 Jerk값을 설정할 수 있다.

⑨ [전방 힘/후방 힘]: 선형 조인트로 설정된 경우에 사용할 수 있는 옵션으로 정방향 및 역방향에 대한 힘 제한을 설정하고, 액추에이터의 힘과 비교할 신호를 선택하여 모터 과부하 여부를 결정할 수 있다.

⑩ [전방 토크/후방 토크]: 회전 조인트가 선택되면 나타나는 옵션이다. 정방향 및 역방향에 대한 토크 제한을 설정하고, 액추에이터의 토크와 비교할 신호를 선택하여 모터 과부하 여부를 결정할 수 있다.

2.4.2 속도 제어(Velocity Control)

속도를 구동 파라미터로 강체를 제어하는 액추에이터를 정의하려면, [속도 제어] 명령어를 사용한다. [위치 제어]와 유사하게 지정된 속도로 강체가 운동할 수 있도록 [속도 제어] 액추에이터를 기계 그룹에서 정의된 조인트에 적용한다.

[속도 제어] 액추에이터는 기계 시스템의 동작을 디지털 모델에서 재현하기 위해 많이 활용된다. 예를 들어 원심 팬의 회전 조인트에 특정 속도로 동작하도록 [속도 제어] 액추에이터를 정의하여 구동 상태를 평가하거나, 직선운동하는 강체의 선형 조인트에 정의하여 운동 특성을 분석할 수 있다. 일반적으로 근접 센서와 동일한 역할을 하는 충돌 센서의 신호를 디지털 모델에 추가하여 액추에이터의 동작을 제어할 수도 있다.

• 속도 제어 설정

    [홈] 탭 → [전기] 그룹 → [속도 제어] 리본 메뉴 클릭

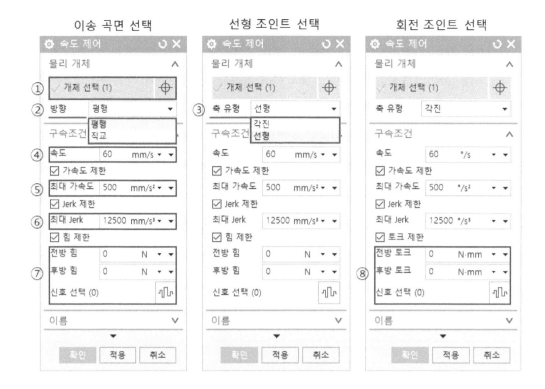

① [개체]: 속도 제어 액추에이터로 지정할 조인트를 선택한다.

② [방향]: 이송 곡면을 선택한 경우에, 운동 방향(평행, 직교)을 설정할 수 있다.

③ [축 유형]: 원통 조인트를 선택한 경우에, 축 유형을 선형 혹은 각진(회전) 중에서 선택할 수 있다.

④ [속도]: 일정한 병진운동 속도나 회전운동 속도를 설정한다.

⑤ [최대 가속도]: 최대 가속도값을 입력할 수 있다.

⑥ [최대 Jerk]: [가속도 제한] 옵션을 선택하면 활성화된다. 가속도의 변화율을 제한하는 최대 Jerk값을 설정할 수 있다.

⑦ [전방 힘/후방 힘]: 선형 조인트일 경우에 정방과 후방 힘에 대한 제한을 설정하고, 액추에이터의 힘과 비교할 신호를 선택하여 모터 과부하 여부를 결정할 수 있다.

⑧ [전방 토크/후방 토크]: 회전 조인트일 경우에 정방과 후방 토크 제한을 설정하고, 액추에이터 토크와 비교할 신호를 선택하여 모터 과부하 여부를 결정할 수 있다.

2.4.3 유압 액추에이터(Hydraulic Actuator)

[유압 실린더] 및 [유압 밸브] 명령을 사용하여 유압 액추에이터를 슬라이딩 조인트나 원통 조인트에 적용할 수 있다. [유압 실린더]는 액추에이터의 피스톤과 챔버에 관한 파라미터들을 설정함으로써 정의할 수 있으며, [유압 밸브]는 비압축성 액체의 압력 특성에 따라 조인트에 가해지는 힘을 입력함으로써 정의할 수 있다. 힘을 조인트 첨부물(Joint attachment)에 적용할 때는 양수값의 힘을 적용하고, 조인트 기준(Joint base)에 적용할 경우에는 음수값의 힘을 적용한다.

편-로드(single rod) 유압 실린더를 제어하기 위한 유압 밸브로 3-위치(three-way) 밸브를 사용하면 단방향 동작만 가능하고, 4-위치(four-way) 밸브를 적용하면 전·후진 동작이 가능한 유압 실린더를 구현할 수 있다. 양-로드(double rod)의 경우는 4-위치(four-way) 밸브를 사용한다. 그리고 [오퍼레이션]이나 [신호]로 밸브의 입력 압력과 유속을 조정하여 작동 유체의 유량을 제어할 수 있다.

다음은 슬라이딩 조인트에 [유압 실린더]를 적용한 다음, [유압 밸브]를 사용하여 유압 동작을 제어하는 편-로드 유압 액추에이터를 정의하는 방법의 예를 보여 준다.

$$A_1 = \frac{\pi}{4} d_1^2 \tag{3.15}$$

$$A_2 = \frac{\pi}{4} \times (d_1^2 - d_2^2) \tag{3.16}$$

$$F = A_1 P_A - A_2 P_B \tag{3.17}$$

$$q_A = A_1 v \tag{3.18}$$

$$q_B = A_2 v \tag{3.19}$$

여기서 d_1은 피스톤 직경이고, d_2는 피스톤 로드의 직경을 말한다. 그리고 A_1과 A_2는 피스톤의 단면과 피스톤 로드의 단면적을 나타내고, P_A과 P_B는 실린더의 좌우 챔버의 초기 압력을 의미한다. 또한, q_A와 q_B는 밸브에 의해 제어되는 유량을 나타내고, v는 피스톤의 운동 속도이다.

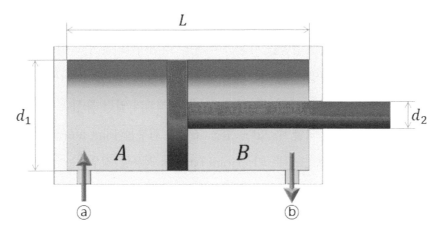

$$L$$

$$d_1$$

$$A$$ $$B$$ $$d_2$$

ⓐ ⓑ

[그림 3-3] 편-로드 유압 실린더 예제

1) 유압 실린더 설정

 [홈] 탭 → [전기] 그룹 → [유압 실린더] 리본 메뉴 클릭

① [개체]: 유압 실린더로 정의할 슬라이딩 조인트
혹은 원통 조인트를 선택한다.

② [상태 변수]: 실린더 챔버 A와 B에 대한 초기 압
력값을 설정한다.

③ [피스톤로드 유형]: 편(단일) 로드는 한 방향으
로 힘을 제한하고 양(이중) 로드는 양방향으로
피스톤 로드가 일할 수 있도록 허용한다.

④ [피스톤 직경]: 실린더의 피스톤 직경 d_1을 의미
한다.

⑤ [피스톤 로드 직경]: 실린더 로드의 직경 d_2를 말
한다.

⑥ [최대 피스톤 스트로크]: 피스톤이 운동할 수 있
는 최대 작동 길이로 L을 의미한다.

2) 유압 밸브 설정

 [홈] 탭 → [전기] 그룹 → [유압 밸브] 리본 메뉴 클릭

① [개체]: 하나 이상의 유압 실린더를 선택하여 유압 밸브를 적용할 수 있다.

② [밸브 유형]: 3방향은 전진 운동만 정의할 때 사용하고, 4방향은 전·후진 운동을 함께 정의할 수 있다.

   3방향 → 편 로드 유압 실린더용

   4방향 → 양 로드 유압 실린더용

        편 로드 실린더 사용 가능(전·후진 운동)

③ [공급 압력]: 밸브 ⓐ의 공급 압력을 설정한다.

④ [배출 압력]: 밸브 ⓑ의 배기 압력을 설정한다.

⑤ [공칭 압력]: 유압 운동은 이 값과 비교한 급·배기 밸브의 차압에 의해 결정된다.

⑥ [공칭 흐름]: 유압 실린더로 유입되는 작동유의 유량값을 설정한다.

⑦ [압력 제어]: 밸브 종류에 따라 유량 비율을 설정한다.

  - 3방향을 선택한 경우에는 0에서부터 1까지의 값을 사용한다.

  - 4방향을 선택하면 −1에서부터 1까지의 값을 사용할 수 있다.

2.4.4 공압 액추에이터(Pneumatic Actuator)

유압 액추에이터와 동일하게 [공압 실린더] 명령어를 사용하여 작동 기체, 피스톤 및 챔버 등의 파라미터들에 관한 속성을 정의하고, 슬라이딩 조인트 혹은 원통 조인트를 선택하여 공압 실린더로 지정할 수 있다.

이 명령을 [공압 밸브] 명령과 함께 사용하여 비압축성 유체의 압력 특성에 따라 달라지는 힘을 공압 실린더에 적용할 수 있다. 조인트에 설정된 벡터 방향에 따라 공압 실린더의 운동 방향이 결정되고, 단방향 혹은 양방향으로의 힘을 제어할 수 있다. 조인트 첨부물에 힘을 적용할 때는 양수의 힘을 사용하고, 조인트 기준에 힘을 적용할 때는 음수의 힘을 사용한다.

1) 공압 실린더 설정

[홈] 탭 → [전기] 그룹 → [공압 실린더] 리본 메뉴 클릭

① [개체]: [공압 실린더]로 슬라이딩 조
인트 혹은 원통 조인트를 선택할 수
있다.

② [압력실 A/B]: 실린더 챔버 A와 B의
초기 압력값을 지정할 수 있다.

③ [피스톤로드 유형]: 단일 막대(편 로
드)는 동작을 한쪽으로 제한하고, 이
중 막대(양 로드)는 양방향 운동을
허용한다.

④ [피스톤 직경]: 피스톤 지름

⑤ [피스톤 로드 직경]: 피스톤로드 직경

⑥ [부피 확장 A]: A 챔버 쪽의 피스톤
단면과 반대편의 내부 챔버 단면까
지 거리

⑦ [부피 확장 B]: B 챔버에서 피스톤
단면과 마주 보는 내부 챔버 단면까
지 거리

⑧ [최대 피스톤 스트로크]: 피스톤의 최대 작동 거리를 말한다.

⑨ [비열비]: 작동 기체의 비열을 설정한다.

⑩ [비기체 상수]: 기체 상수값을 입력한다.

⑪ [기체 온도]: 작동 기체의 온도 상태를 입력한다.

2) 공압 밸브 설정

[홈] 탭 → [전기] 그룹 → [공압 밸브] 리본 메뉴 클릭

① [개체]: 공압 밸브를 적용할 하나 이상의 공압 실린더를 선택할 수 있다.

② [밸브 유형]: 3방향 → 편 로드 공압 실린더용

    4방향 → 양 로드 공압 실린더용

    편 로드 실린더 사용 가능

③ [공급 압력]: 공급 압력을 설정

④ [배출 압력]: 배기 압력을 설정

⑤ [공칭 압력]: 기본 압력을 설정

⑥ [공칭 흐름]: 유량을 설정

⑦ [입력 제어]: 밸브의 유형에 따라 유량 비율을 설정 밸브 유형이 4방향으로 설정되면 −1과 1 사이의 흐름을 제한한다. 밸브 유형이 3방향으로 설정되면 0과 1 사이의 흐름을 제한한다.

2.4.5 충돌 센서(Collision sensor)

메카트로닉스 시스템에서 이벤트 기반 동작을 개발하려면 런타임 피드백(Runtime feedback)을 사용하여야 한다. MCD에서는 런타임 데이터(Runtime data)에 액세스할 수 있도록 두 가지 방법을 제공한다. 첫 번째 방법으로는 명령 다이얼로그 창을 이용하여 직접 파라미터에 액세스하는 것이다. 예를 들어 [위치 제어] 명령은 속도와 위치를 제공하고, [이송 곡면] 명령은 벡터 지정 방향에 대한 평행 속도와 그에 대한 직교 방향의 속도를 제공한다. 그리고 두 번째 방법은 센서를 사용하여 시뮬레이션 중에 피드백을 제공하는 것이다. 센서의 상태를 이용하여 조건문을 트리거(Trigger)하거나, 고급 메카트로닉스 명령을 트리거할 수 있다. 이러한 이유로 MCD는 다양한 종류의 센서를 제공한다.

그중에서 [충돌 센서]가 가장 많이 활용된다. [충돌 센서]를 지오메트리에 부착하여 시뮬레이션 중에 물체의 상호작용에 대한 피드백을 제공할 수 있다. [2.3.2 충돌 바디]에서 설명한 바와 같이 3D 지오메트리에 대한 다양한 충돌 모양을 정의하여 충돌 감지 영역을 형성할 수 있다. 이러한 충돌 센서의 상태에 따른 조건문이나 고급 메카트로닉스 명령을 사용하여 트리거할 수 있다.

특정 제어 상태가 충돌 센서가 감지 중에만 활성화되는지 또는 감지가 발생할 때마다 제어 상태가 변경되는지를 지정할 수 있다. 그리고 충돌 센서가 지정된 범주 내의 특정 강체와의 충돌에 의해서만 트리거되는지 또는 시스템 내의 모든 구성 부품과의 충돌 또는 접촉으로 트리거될 수 있는지를 지정할 수도 있다.

충돌 센서를 활용하여 시스템의 동작을 제어하는 사례를 살펴보면 다음과 같다.
- 액추에이터의 구동 또는 정지 작업을 트리거할 수 있다.
- 런타임 파라미터의 변경을 트리거할 수 있다. 예를 들어 액추에이터의 속도를 변경한다.
- 런타임 표현 식에서 카운터(Counter)를 생성할 수 있다.
- 강체 바디의 교환을 트리거할 수 있다.
- 시각적 속성(Visual properties)의 변경을 트리거할 수 있다.

• 충돌 센서 설정

 [홈] 탭 → [전기] 그룹 → [충돌 센서] 리본 메뉴 클릭

① [개체]: 그래픽 윈도우에서 충돌 센서로 지정할 3D 개체를 선택할 수 있다.

② [충돌 형상]: 충돌 센서로 지정된 3D 개체를 둘러싸는 충돌 감지 영역의 모양을 선택할 수 있다. 충돌 모양에는 (상자), (구), (행), (원통) 4가지가 있다.

③ [형상 특성]: 충돌 형상에 대한 속성을 할당하는 방법을 표시한다.
  (자동) - 충돌 형상 파라미터가 자동으로 계산된다.
  (사용자 정의) - 필요한 파라미터를 사용자가 설정

④ [점 지정]: [형상 특성] 목록에서 (사용자 정의)를 선택한 경우에 사용할 수 있다. [충돌 형상]의 중심점을 직접 선택할 수 있다.

⑤ [좌표계 지정]: [형상 특성] 목록에서 (사용자 정의)를 선택

한 경우에 사용함. [충돌 형상]에 대한 로컬 좌표계를 선택할 수 있다.

⑥ [높이/반경]: [충돌 형상]에 대한 파라미터와 치수를 정의한다. 선택한 [충돌 형상]에 따라 정의해야 할 값들이 달라진다.

⑦ [범주]: 충돌 센서의 범주를 설정한다.

⑧ [충돌 시 강조 표시]: 충돌 센서가 강체와 접촉할 때 강조 표시하도록 설정한다.

※ [충돌 형상]에 따른 [형상 특성]과 관련된 파라미터와 치수값

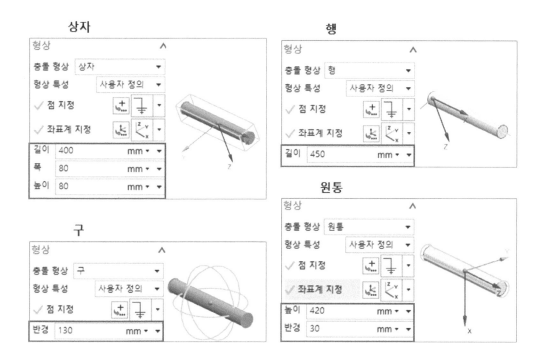

2.4.6 거리 센서(Distance sensor)

[거리 센서] 명령을 사용하여 센서에서 가장 가까운 충돌 바디까지의 거리 피드백을 제공할 수 있도록 강체에 거리 센서를 연결할 수 있다. 고정점을 기준으로 감지 영역을 설정하거나 운동하는 물체에 부착할 수 있다. 출력을 조정하여 상수, 전압 또는 전류로 나타내거나 다듬을 수 있고, 또한 신호로도 사용할 수 있다.

• 거리 센서 설정

 [홈] 탭 → [전기] 그룹 → [거리 센서] 리본 메뉴 클릭

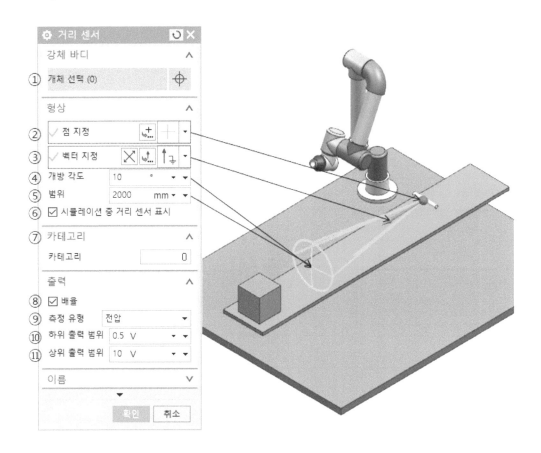

① [개체]: 강체를 개체로 선택할 수 있다. 움직이지 않는 [거리 센서]를 정의할 때, 개체를
   선택하지 않는다.

② [점 지정]: 거리를 측정에 사용되는 시작점을 지정한다.

③ [벡터 지정]: 측정 방향을 지정한다.

④ [개방 각도]: 측정 범위의 열린 각도를 설정한다.

⑤ [범위]: 측정 범위의 거리를 설정한다.

⑥ [시뮬레이션 중 거리 센서 표시]: 활성화하면 시뮬레이션 중에 센서를 표시한다.

⑦ [카테고리]: [거리 센서]의 범주를 지정할 수 있다. 동일한 카테고리의 충돌 바디만 감지
   된다. 만약 메카트로닉스 시스템의 구성 부품이 많을 경우에 이 옵션을 사용하면 계산

시간을 줄일 수 있다.

⑧ **[배율]**: 이 옵션을 활성화하면 출력 배율값을 설정할 수 있다.

⑨ **[측정 유형]**: 전압, 전류, 상수의 3가지 출력 유형 중에서 선택할 수 있다.

⑩ **[하위 출력 범위]**: 하한 출력 범위로 가장 낮은 최소 출력값을 지정한다.

⑪ **[상위 출력 범위]**: 가장 높은 최대 출력값을 설정한다.

2.4.7 위치 센서(Position sensor)

[위치 센서] 명령을 사용하여 센서를 기존 조인트 또는 위치 제어 액추에이터에 설치하여 조인트 또는 액추에이터의 각도 또는 선형 위치를 감지할 수 있다. 출력을 조절하여 상수, 전압 또는 전류로 나타내거나 출력을 트리밍할 수 있고, 신호로도 사용할 수 있다.

• 위치 센서 설정

 [홈] 탭 → [전기] 그룹 → [위치 센서] 리본 메뉴 클릭

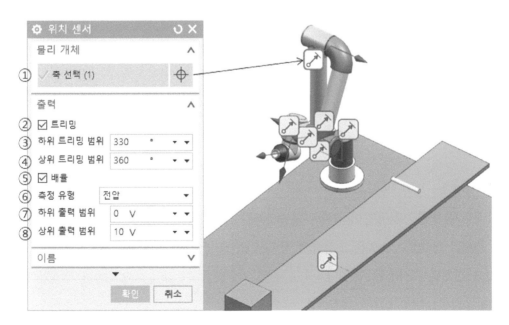

① [축]: 위치를 모니터링할 조인트 또는 위치 제어 액추에이터를 선택할 수 있다.

　(축 유형): 회전 또는 선형 위치를 모니터링할 수 있다.

② [트리밍]: 트림값을 설정할 수 있다.

③ [하위 트리밍 범위]: 최소 출력값을 설정한다.

④ [상위 트리밍 범위]: 최대 출력값을 설정한다.

⑤ [배율]: 활성화하면 출력 배율값을 설정할 수 있다.

⑥ [측정 유형]: 전압, 전류, 일정의 3가지 유형 중에서 하나를 선택한다.

⑦ [하한 출력 범위]: 하한 트림 범위를 나타내는 최소 출력값을 설정한다.

⑧ [상위 출력 범위]: 상위 트림 범위로 최대 출력값을 설정한다.

2.4.8 속도 센서(Velocity sensor)

[속도 센서] 명령을 사용하여 센서를 기존 조인트 또는 액추에이터에 설치하여 각속도 또는 선형 속도를 검출할 수 있다. 출력을 조절하여 상수, 전압 또는 전류로 나타내거나 출력을 트리밍할 수 있고, 신호로도 사용할 수 있다.

• 속도 센서 설정

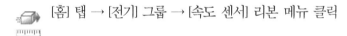 [홈] 탭 → [전기] 그룹 → [속도 센서] 리본 메뉴 클릭

2.4.9 가속도계(Accelerometer)

[가속도계] 명령을 사용하여 강체에 가속도계를 설정하여 각 가속도 또는 선형 가속도 데이터를 출력할 수 있다. 출력을 조절하여 상수, 전압 또는 전류로 나타내거나 출력을 트리밍할 수 있고, 신호로도 사용할 수 있다.

• 가속계 설정

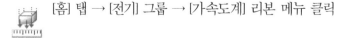 [홈] 탭 → [전기] 그룹 → [가속도계] 리본 메뉴 클릭

2.5 자동화 그룹 도구 모음

　[기계] 그룹과 [전기] 그룹의 도구 모음을 통해 메카트로닉스 시스템의 운동학을 정의하고, 필요한 센서와 액추에이터를 생성한 다음에는 [자동화] 그룹의 기본 구성 요소인 [오퍼레이션] 명령을 사용하여 메카트로닉스 시스템에 대한 시간 기반 및 이벤트 기반 동작을 제어할 수 있다. MCD의 모든 개체는 이러한 [오퍼레이션] 명령을 통해 접근할 수 있는 한 개 이상의 파라미터를 갖고 있으며, 해당 개체의 파라미터 값을 [오퍼레이션]에서 설정한 값으로 변경할 수 있다. 일반적으로 [오퍼레이션] 명령을 활용하여 액추에이터를 제어하지만, 조인트 및 제약 조건과 같은 다른 개체에서도 제어 설정이 가능하다.

　이처럼 [오퍼레이션] 명령을 활용하여 액추에이터의 운동 속도를 조정하거나 운동을 시작하고 중지할 수 있으며, 모터의 운전 속도를 다단으로 정의하여 운전 프로파일(Profile)에 대한 시스템의 응답 특성 등을 평가할 수 있다. 이러한 액추에이터의 구동 상태나 모터의 운전 프로파일 등과 관련한 작업 순서를 관리하려면, MCD 리소스 바의 [순서 편집기]를 사용한다. [순서 편집기]를 활용하여 시간 기반 및 이벤트 기반 동작 제어와 관련한 시퀀스 제어 작업 순서를 결정할 수 있다. 오퍼레이션 명령으로 시간 및 이벤트 기반 제어를 생성한 다음에, 순서 편집기를 사용하여 순차 함수 논리와 유사한 실제 자동화 시스템의 제어 시퀀스 작업을 정의할 수 있다.

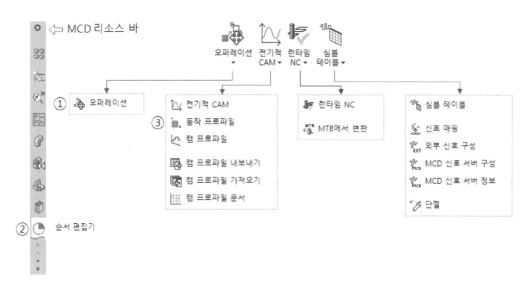

2.5.1 오퍼레이션(Operation)

[오퍼레이션] 명령은 메카트로닉스 시스템의 모든 개체에 접근할 수 있는 인터페이스를 통해, 해당 개체에 필요한 제어 요소를 생성할 수 있다. [오퍼레이션] 명령을 사용하여 다음과 같은 제어 작업을 수행할 수 있다.

- 파라미터 변경을 위한 트리거할 시점을 결정하는 조건문을 작성할 수 있다.
- 개체의 파라미터 값을 [오퍼레이션]에서 설정한 값으로 변경할 수 있다.
- 지정된 이벤트를 기반으로 런타임 시뮬레이션을 일시 중지시킬 수 있다.
- 제어 작업 내용을 SIMATIC STEP7으로 내보내고, 순차적 기능 로직으로 변환한 다음, 가상 또는 실제 PLC로 테스트를 진행할 수 있다.

• 오퍼레이션 설정

 [홈] 탭 → [자동화] 그룹 → [오퍼레이션] 리본 메뉴 클릭

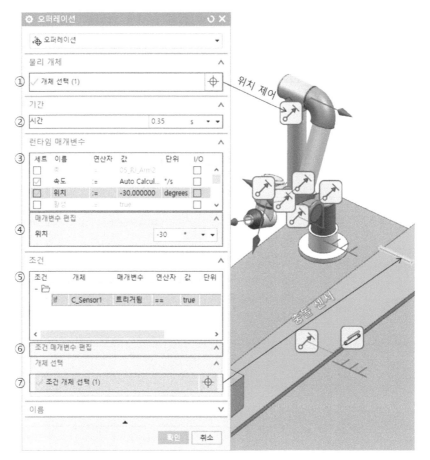

① [개체]: [오퍼레이션]으로 제어할 개체를 지정한다.

② [시간]: 작동 시간을 설정한다.

③ [런타임 매개변수]: 액세스 가능한 런타임 파라미터와 태그 양식의 리스트를 표시한다. [오퍼레이션]에서 개체의 파라미터에 액세스할 수 있도록 하려면 세트 열에서 파라미터의 체크 박스를 클릭하여 활성화한다. (☑)

④ [매개변수 편집]: 런타임 매개변수 리스트에서 세트 열의 파라미터 체크 박스가 활성화되어 있고, 그 항목을 선택한 경우에 파라미터 값을 수정할 수 있다.

⑤ [조건]: 조건 개체를 선택한 경우에 사용할 수 있다. 사용 가능한 모든 조건을 표시해 주며, 방정식으로 정의된다. 제어 조건 설정에 따라 작업이 시작되거나 중지될 수 있다.

⑥ [조건 매개변수 편집]: 조건 목록에서 선택한 파라미터의 값을 지정할 수 있다.

⑦ [조건 개체]: [오퍼레이션]의 시작 조건을 결정하기 위해 런타임 파라미터에 제공할 조건 개체를 선택할 수 있다.

2.5.2 순서 편집기(Sequence Editor)

[순서 편집기]는 메카트로닉스 시스템에서 정의된 모든 [오퍼레이션] 제어 작업을 표시해 준다. 기본적으로 다음의 두 가지 유형의 작업이 있다.

1) 시간 기반 동작(Time based operation) 제어

전적으로 시간 흐름에 따라 트리거되는 방식으로 제어가 시간의 흐름에 따라 차례대로 행해지는 시간 기반 동작을 의미한다. 즉 일정한 시간이 경과되면 차례로 다음 작업이 진행되도록 하는 방법으로 전 단계의 작업 완료 여부와 관계없이 다음 단계의 작업이 시간 척도로 표시된 시점에서 시작되고 종료된다. 이러한 작업은 [순서 편집기]에서 푸른 막대로 표시된다.

2) 이벤트 기반 동작(Event based operation) 제어

시간의 흐름에 따른 순차적인 동작이 아닌 전 단계의 작업 완료 여부를 확인하여 수행하는 이벤트 기반 동작 방식이 있다. 예를 들면 특정 이벤트가 발생하면 동작의 시작 조건을 충족하여 시스템이 구동되고, 제약 조건을 만족하는 특정 위치에 도달하거나 특정

속도가 되면 구동이 종료되는 자동화 제어가 가능하다. 즉 전 단계의 작업 완료 여부를 근접 센서나 리밋 스위치 등으로 감지한 후에, 다음 단계의 동작이 실행되도록 제어할 수 있다. 이러한 이벤트 기반 동작 제어는 [순서 편집기]에서 녹색 막대로 표시된다.

이러한 두 가지 유형의 동작 제어를 서로 연결하여 사용할 수 있으며, [순서 편집기]로 수행할 수 있는 작업들은 다음과 같다.

- 시스템에 새로운 오퍼레이션을 추가하기
- [순서 편집기]의 테이블에서 오퍼레이션의 시작 시간과 그 기간을 수정하기
- AND와 OR 로직을 사용하여 오퍼레이션을 연결하기
- 오퍼레이션 순서를 수정하고 그룹을 만들어 기능별로 작업을 구성하기
- 단일 또는 다중 오퍼레이션을 활성화하거나 비활성화하기
- 다른 시스템 또는 외부에서 매핑된 신호를 사용하여 시스템 신호를 제어하기

• 순서 편집기 설정

[리소스 바] → [순서 편집기] 클릭

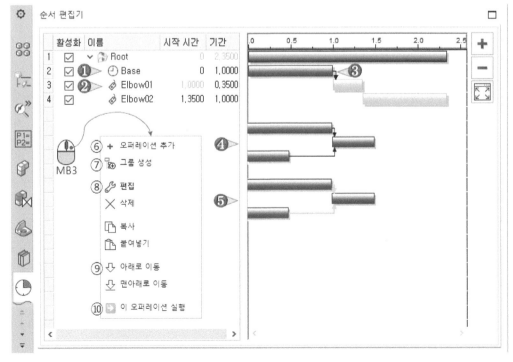

① [시간 기반 작업]: 시간에 의해 트리거되는 작업이다. 이 작업은 파란색 막대로 표시된다.

② [이벤트 기반 작업]: 시간 기반이 아닌 이벤트에 의해 트리거되는 작업이다. 이 작업은 녹색 막대로 표시된다.

③ [연결 작업]: 시퀀스를 생성하기 위해 둘 이상의 작업을 연결하는 링크이다. 연결 조건은 링크에 AND 또는 OR 논리를 적용하며 설정 이후에 변경할 수 있다.

④ [AND 연결 작업]: AND 논리 링크는 다음 작업을 트리거하기 위해 연결된 모든 작업을 완료해야 한다. 이 논리 링크는 검은색 선으로 표시된다.

⑤ [OR 연결 작업]: OR 논리 링크는 다음 작업을 트리거하기 위해 연결 링크 중에서 하나의 완전한 작업만 충족되면 다음 작업이 진행된다. 이 논리 링크는 녹색 선으로 표시된다.

⑥ [오퍼레이션 추가]: [오퍼레이션]을 마우스 오른쪽 버튼으로 클릭하면 [시퀀스 편집기 메인 패널]이 나타난다. [오퍼레이션] 다이얼로그 창을 열고, 새 오퍼레이션을 정의할 수 있다. [순서 편집기]의 작업 트리에 새 작업이 추가된다.

⑦ [그룹 생성]: 작업 트리에서 작업의 하위 그룹을 생성할 수 있다.

⑧ [편집]: 마우스 오른쪽으로 클릭한 오퍼레이션의 다이얼로그 창을 열고, 편집할 수 있다.

⑨ [이동]: 오퍼레이션을 작업 트리의 위, 아래, 맨 위, 맨 아래로 이동할 수 있다.

⑩ [이 오퍼레이션 실행]: 런타임 시뮬레이션의 중지 지점을 설정한다.

2.5.3 시간 기반 작동(Time based operation)

6축 수직 다관절 산업용 로봇의 베이스 조인트를 1초 동안 90도 회전하는 시간 기반 작업(Time based operation)을 생성하는 과정을 살펴본다. 베이스를 기준으로 로봇이 회전하는 시간 기반 작업을 생성하려면 다음의 작업들이 선행돼야 한다.

- [기계] 그룹에서 CAD 모델에 [기본 물리]의 적절한 바디 유형을 지정한다.
- [기계] 그룹에서 로봇의 각 관절에 적절한 조인트와 구속 조건을 생성한다.
- [전기] 그룹에서 각 조인트에 액추에이터를 지정하고, 적절한 센서를 선정한다.

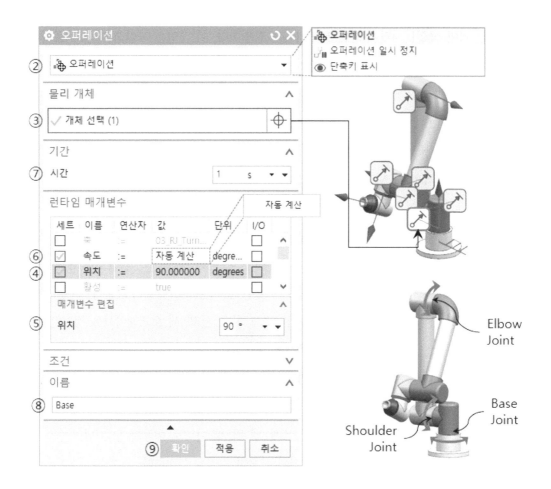

① [홈] 탭 → [자동화] 그룹 → [오퍼레이션] 리본 메뉴를 선택한다.

② [오퍼레이션] 다이얼로그 창의 [유형]에서 오퍼레이션을 선택한다.

③ [물리 개체]의 [개체 선택]을 클릭하고, 그래픽 윈도우에서 오퍼레이션을 사용하여 제어하려는 액추에이터를 선택한다. 여기서는 베이스 조인트에 설정된 위치 제어 액추에이터가 선택된다.

→ 선택한 액추에이터의 파라미터가 런타임 매개변수 목록에 나타난다.

④ [런타임 매개변수] 목록 테이블의 세트 열에서 [위치] 매개변수 옆에 있는 확인란을 선택(☑)한다.

⑤ [매개변수 편집]의 [위치] 입력란에 힌지 조인트가 회전할 각도로 90도를 입력한다.

⑥ [런타임 매개변수] 목록 테이블의 세트 열에서 속도 매개변수 옆에 있는 확인란을 선택(☑)하고, 마우스의 오른쪽 버튼을 클릭하여 자동 계산을 선택한다.

⑦ [기간]의 [시간] 입력란에 오퍼레이션을 실행할 총 시간을 입력한다. 여기에서는 1초의 지
  속 시간이 사용된다.

⑧ 오퍼레이션의 [이름]을 Base라고 입력한다.

⑨ [확인] 버튼을 클릭하여 오퍼레이션의 설정을 마무리한다.

2.5.4 이벤트 기반 작동(Event based operation)

여기에서는 컨베이어 벨트 위의 상자가 이송 도중에 충돌 센서에 감지되면 산업용 로봇이
상자를 벨트 옆으로 밀어내는 이벤트 기반 작업을 생성하는 과정을 살펴본다. 이러한 이벤트
기반 오퍼레이션을 생성하려면 다음의 작업들이 선행돼야 한다.

- [기계] 그룹에서 CAD 모델에 [기본 물리]를 지정하고, 적절한 조인트와 구속 조건을 생성한
  다. 그리고 [전기] 그룹에서 액추에이터를 지정하고, 적절한 센서를 선정한다.
- 컨베이어 벨트 위의 상자가 일정한 속도로 이송되는 시간 기반 작업을 생성한다.

① [홈] 탭 → [자동화] 그룹 → [오퍼레이션] 리본 메뉴를 선택한다.

② [오퍼레이션] 다이얼로그 창의 [유형]에서 오퍼레이션을 선택한다.

③ [물리 개체]에서 [개체 선택]을 클릭하고, 그래픽 윈도우에서 오퍼레이션을 사용하여 제어
  하려는 액추에이터를 선택한다. 여기서는 팔꿈치(Elbow) 조인트에 설정된 위치 제어 액
  추에이터를 선택한다.
  → 선택한 액추에이터의 파라미터가 런타임 매개변수 목록에 나타난다.

④ [런타임 매개변수] 목록 테이블의 세트 열에서 [위치] 매개변수 옆에 있는 확인란을 선택
  (☑)한다.

⑤ [매개변수 편집]의 [위치] 입력란에 힌지 조인트가 회전할 각도로 −30도를 입력한다. 이
  예제에서는 컨베이어 벨트 위의 상자가 충돌 센서에 충돌하면 로봇의 팔꿈치 조인트의
  액추에이터가 작동하여 상자를 컨베이어 벨트 밖으로 밀어낸다.

⑥ [조건]에서 [조건 개체 선택]을 클릭하고, 그래픽 윈도우에서 충돌 센서를 선택하거나 물
  리 탐색기에서 충돌 센서를 선택한다.

⑦ [조건 목록]에 IF 조건이 생성된다. IF 조건문에서 [값]을 클릭한 다음에, false를 true로 변경한다.

⑧ 런타임 매개변수 목록 테이블의 세트 열에서 속도 매개변수 옆에 있는 확인란을 선택 (☑)하고, 마우스의 오른쪽 버튼을 클릭하여 자동 계산을 선택한다.

⑨ 기간의 시간 상자에 오퍼레이션을 실행할 총 시간을 입력한다. 이 예제에서는 0.35초의 지속 시간이 사용된다.

⑩ 오퍼레이션의 이름을 Elbow01이라고 입력한다.

⑪ 확인 버튼을 클릭하여 오퍼레이션의 설정을 마무리한다.

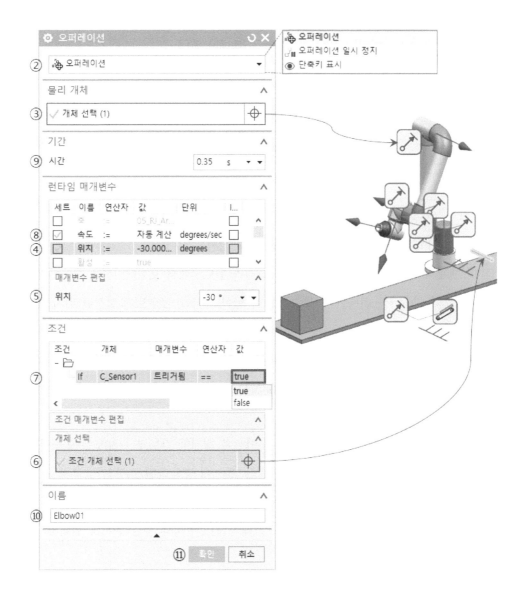

2.5.5 동작 프로파일(Motion profile)

[동작 프로파일] 명령을 사용하여 마스터 축의 동작에 상대적인 종속 축의 운동을 정의할 수 있다. 동작 프로파일은 시스템에서 하나 이상의 캠 커플러를 정의하는 데 사용된다.

• 동작 프로파일 설정

[홈] 탭 → [자동화] 그룹 → [동작 프로파일] 리본 메뉴 클릭

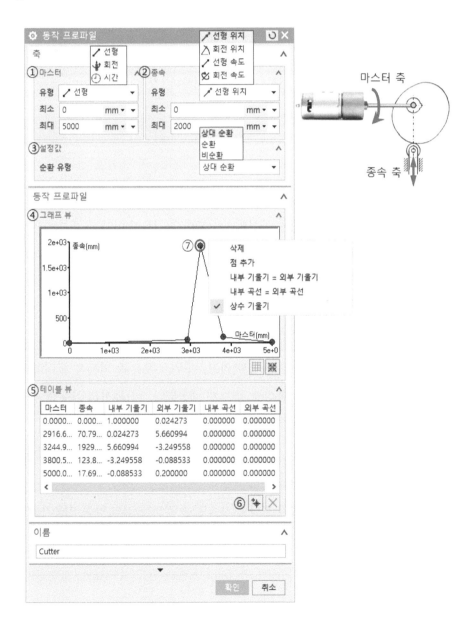

① [마스터]: 마스터 축 유형(선형, 회전, 시간)을 선택하고, 최솟값과 최댓값을 설정할 수 있다.

② [종속]: 종속 축 유형(선형 위치, 회전 위치, 선형 속도, 회전 속도)을 선택하고, 최솟값과 최댓값을 설정할 수 있다.

③ [설정값]: [동작 프로파일]의 순환 유형을 선택할 수 있다.

  - 비순환: 캠이 한 번만 순환한다.

  - 순환: 캠이 연속적으로 순환하며 동일한 절대 종속 위치에서 시작한다.

  - 상대 순환: 캠은 종속의 이전 사이클의 끝 위치를 기준으로 시작하여 계속 순환한다.

④ [그래프 뷰]: 캠을 정의하는 곡선을 표시한다. 마우스 오른쪽 버튼을 클릭하여 곡선에 점을 추가 또는 삭제할 수 있다. 그래프의 점을 드래그하여 곡선의 모양을 수정할 수 있다.

⑤ [테이블 뷰]: 곡선의 모든 점에 대한 정보를 표시한다. 값을 수정하려면 셀을 두 번 클릭한다.

  - 마스터: 마스터 축에서의 위치

  - 종속: 종속 축에서의 위치

  - 내부 기울기: 점의 왼쪽에 있는 곡선의 1차 도함수(기울기)이다.

  - 외부 기울기: 점의 오른쪽에 있는 곡선의 1차 도함수(기울기)이다.

  - 내부 곡선: 점의 왼쪽에 있는 곡선의 2차 도함수(가속도)이다.

  - 외부 곡선: 점의 오른쪽에 있는 곡선의 2차 도함수(가속도)이다.

⑥ [점 추가]: 곡선에 점을 추가한다. [그래프 뷰]에서 MB3를 클릭하고 [점 추가]를 선택하여 점을 추가할 수 있다.

⑦ [그래프 뷰]에서 수정을 원하는 점을 선택하고, 마우스 오른쪽 버튼을 클릭하면 해당 점의 파라미터를 편집할 수 있는 풀다운 메뉴가 제공된다. 이 옵션은 가능한 곡선을 매끄럽게 만들고, 일정한 속도로 세그먼트를 정의하는 역할을 한다.

  - (내부 기울기=외부 기울기)이면 연속 1차 도함수(속도)를 갖도록 점의 양쪽 기울기를 변경한다.

  - (내부 곡선=외부 곡선)은 연속 2차 도함수(가속도)를 갖도록 점의 양쪽 기울기를 변경한다.

  - (상수 기울기)일 경우에는 이 점의 오른쪽에 있는 세그먼트는 일정한 기울기를 갖는다.

2.6 빔-엔진 장치의 메카트로닉스 시뮬레이션 실습

2장에서 빔-엔진 장치의 각 구성 부품에 대한 3D 형상 모델링 작업을 수행하였고, 현실 물리 세계에서의 구성 부품 간 조립 상태와 동일하게 가상의 디지털 공간에서 어셈블리 작업을 완료하였다.

본 절에서는 2장의 2.6절에서 완성한 빔-엔진 장치의 어셈블리 모델을 활용하여, 가상의 디지털 시제품에 기반을 둔 메카트로닉스 시뮬레이션을 수행한다. 이러한 시뮬레이션에서 입력 회전수에 대한 시스템의 응답 특성이 설계 목표치에 부합하는지에 관한 설계 검증 작업을 진행한다.

그리고 구매품인 공압 실린더와 리밋 스위치에 대한 3D CAD 모델을 빔-엔진 장치의 어셈블리 모델에 추가하고, 빔-엔진 장치의 피스톤이 왕복운동을 하는 것과 동일한 주기로 피스톤이 하강할 때 공압 실린더가 전진하고, 상승 시에 후진 동작이 제어될 수 있도록 자동화 제어 시스템을 구성한다. 이러한 제어 시스템을 구축하기 위한 다양한 조건들을 메카트로닉스 시뮬레이션을 통해 사전에 평가하여 그 성능과 정확도를 검증하는 작업을 수행한다.

2.6.1 MCD 실행하기

01. [NX 시작 화면] → [열기] 클릭

02. "Beam Engine Assy.prt" 어셈블리 파일을 선택 → [OK] 클릭

03. 리본 메뉴의 [응용 프로그램] 탭 → [더 보기] → [메카트로닉스 개념 설계자] 선택 또는
    [파일] → [모든 응용 프로그램] → [메카트로닉스 개념 설계자] 선택

2.6.2 강체 바디 설정

01. MCD [리소스 바] → [물리 탐색기] → [기본 물리]를 선택하고, 마우스 오른쪽 버튼
(MB3)를 클릭 → [물리 생성] → [강체 바디] 클릭

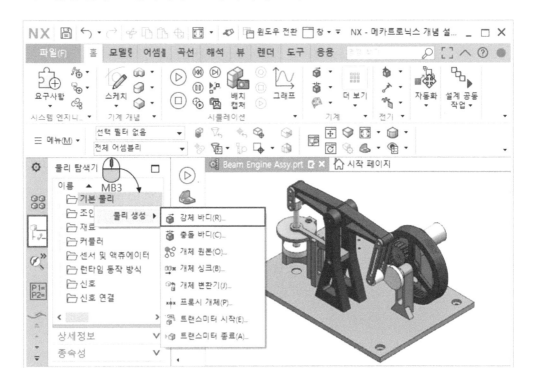

02. [강체 바디] 다이얼로그 → [개체 선택] → "작업 윈도우"에서 [베이스플레이트]를 선택 →
[질량 특성]을 [자동]으로 설정 → [이름]을 "01 BasePlate"로 정의 → [확인]

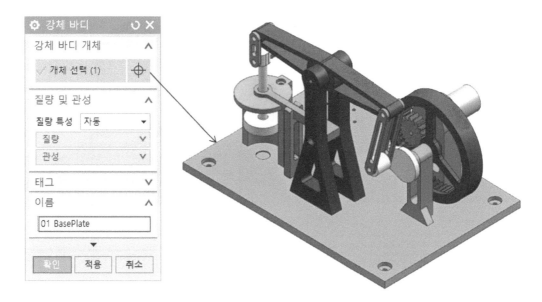

03. [강체 바디] 다이얼로그 → [개체 선택] → "작업 윈도우"에서 좌우 [기둥]과 [힌지 핀]의 3개
체를 선택 → [질량 특성]을 [자동]으로 설정 → [이름]을 "02 Column"으로 정의 → [확인]

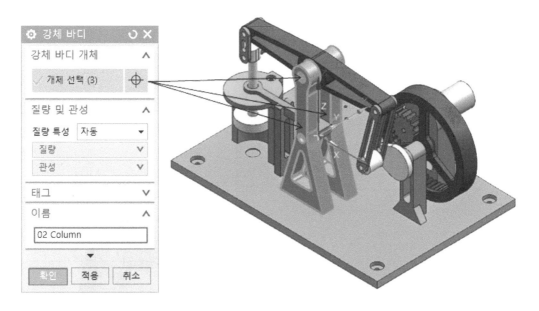

04. [강체 바디] 다이얼로그 → [개체 선택] → "작업 윈도우"에서 [오버헤드 빔(레버)]의 1개체
를 선택 → [질량 특성]을 [자동]으로 설정 → [이름]을 "03 Lever"로 정의 → [확인]

05. [강체 바디] 다이얼로그 → [개체 선택] → "작업 윈도우"에서 좌우 [피스톤 로드]의 2개체를 선택 → [질량 특성]을 [자동]으로 설정 → [이름]을 "04 Piston Rod"로 정의 → [확인]

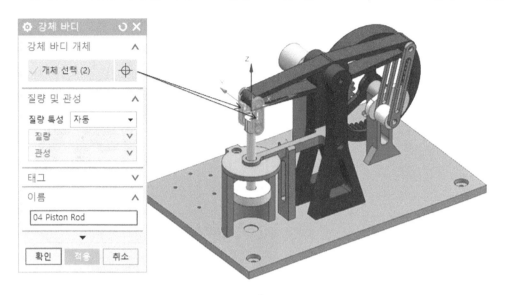

06. [강체 바디] 다이얼로그 → [개체 선택] → "작업 윈도우"에서 [피스톤 축]과 [피스톤]의 2개체를 선택 → [질량 특성]을 [자동]으로 설정 → [이름]을 "05 Piston"으로 정의 → [확인]

07. [강체 바디] 다이얼로그 → [개체 선택] → "작업 윈도우"에서 [실린더 커버], [실린더 튜브], [피스톤-지지빔] 및 [피스톤-지지 로드]의 4개체를 선택 → [질량 특성]을 [자동]으로 설정 → [이름]을 "06 Cylinder"로 정의 → [확인]

08. [강체 바디] 다이얼로그 → [개체 선택] → "작업 윈도우"에서 좌우 [크랭크 로드]와 [크랭크 부싱]의 3개체를 선택 → [질량 특성]을 [자동]으로 설정 → [이름]을 "07 CrankRod"로 정의 → [확인]

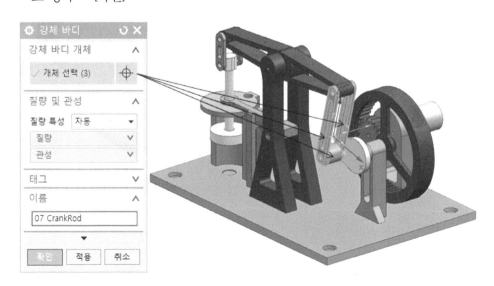

09. [강체 바디] 다이얼로그 → [개체 선택] → "작업 윈도우"에서 [크랭크-지지대] 1개체를 선택 → [질량 특성]을 [자동]으로 설정 → [이름]을 "08 CrankSupport"로 정의 → [확인]

10. [강체 바디] 다이얼로그 → [개체 선택] → "작업 윈도우"에서 [크랭크]와 [크랭크롤러] 및 [종동기어]의 3개체를 선택 → [질량 특성]을 [자동]으로 설정 → [이름]을 "09 DrivenGear"로 정의 → [확인]

11. [강체 바디] 다이얼로그 → [개체 선택] → "작업 윈도우"에서 [원동기어] 1개체를 선택 → [질량 특성]을 [자동]으로 설정 → [이름]을 "10 DriverGear"로 정의 → [확인]

12. [강체 바디] 다이얼로그 → [개체 선택] → "작업 윈도우"에서 [모터]와 [모터 지지대]의 2개체를 선택 → [질량 특성]을 [자동]으로 설정 → [이름]을 "11 Motor"로 정의 → [확인]

13. MCD [리소스 바] → [물리 탐색기] → [기본 물리]에 11개의 [강체 바디]가 생성되었는지 확인

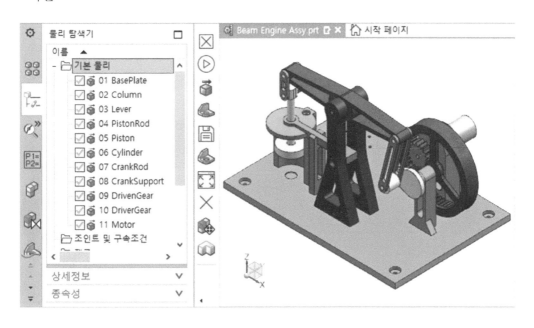

2.6.3 충돌 바디 설정

01. [리소스 바] → [물리 탐색기] → [기본 물리]를 선택하고, 마우스 오른쪽 버튼 (MB3)를 클릭 → [물리 생성] → [충돌 바디] 클릭

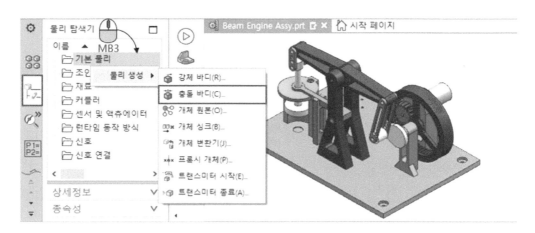

02. [충돌 바디] 다이얼로그 → [개체 선택] → "작업 윈도우"에서 [피스톤]을 선택 → [충돌 형상]을 [원통]으로 설정 → [형상 특성]은 [자동]으로 설정 → [충돌 설정]에서 [충돌 시 강조 표시]를 활성화 → [이름]을 "CB_Piston"으로 정의 → [확인]

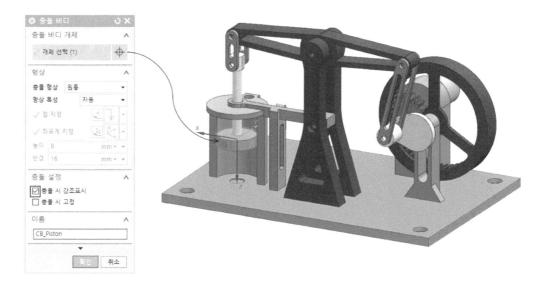

03 [리소스 바] → [물리 탐색기] → [기본 물리]에서 1개의 [충돌 바디] "CB_Piston"이 상위 노드인 "05 Piston"의 [강체 바디] 밑에 생성되었는지 확인

※ 동일한 개체에 [강체 바디]와 [충돌 바디]를 적용하면 강체 바디가 트리 구조에서 부모 노드(Parent node)가 되고 [충돌 바디]가 자식 노드(Child node)가 된다.

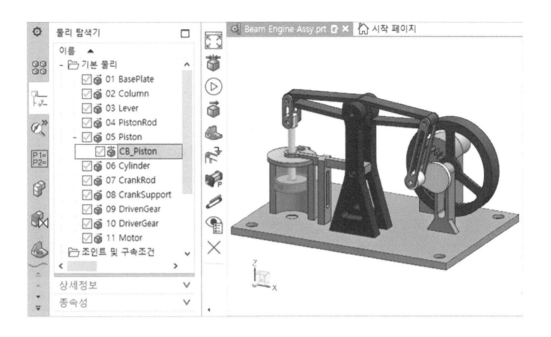

2.6.4 고정 조인트 설정

01. [리소스 바] → [물리 탐색기] → [조인트 및 구속 조건]을 선택하고, 마우스 오른쪽 버튼
(MB3)를 클릭 → [물리 생성] → [고정] 클릭

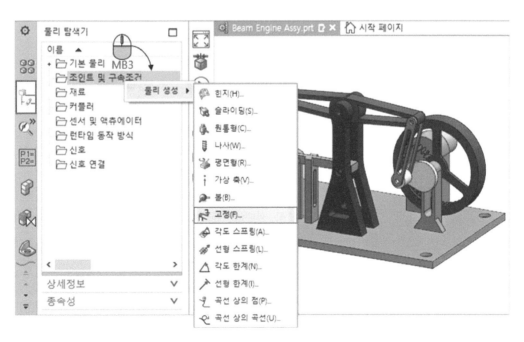

02. [고정 조인트] 다이얼로그 → [첨부물 선택] → "작업 윈도우"에서 [01 BasePlate] 강체 바디를 선택 → [이름]을 "01 FJ_BasePlate"로 정의 → [확인]

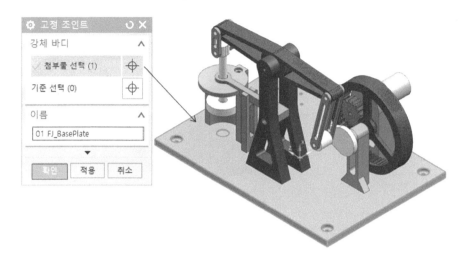

03. [고정 조인트] 다이얼로그 → [첨부물 선택] → "작업 윈도우"에서 [02 Column] 강체 바디를 선택 → [기준 선택] → "작업 윈도우"에서 [01 BasePlate] 강체 바디를 선택 → [이름]을 "02 FJ_Column-BasePlate"로 정의 → [확인]

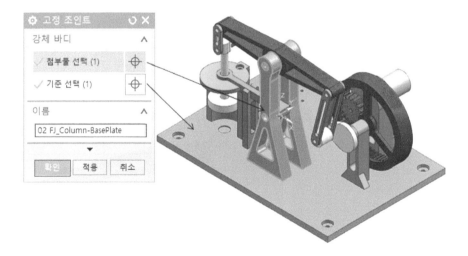

04. [고정 조인트] 다이얼로그 → [첨부물 선택] → "작업 윈도우"에서 [06 Cylinder] 강체 바디를 선택 → [기준 선택] → "작업 윈도우"에서 [01 BasePlate] 강체 바디를 선택 → [이름]을 "03 FJ_Cylinder-BasePlate"로 정의 → [확인]

05. [고정 조인트] 다이얼로그 → [첨부물 선택] → "작업 윈도우"에서 [08 CrankSupport] 강체 바디를 선택 → [기준 선택] → "작업 윈도우"에서 [01 BasePlate] 강체 바디를 선택

→ [이름]을 "04 FJ_CrankSupport- BasePlate"로 정의 → [확인]

06. [고정 조인트] 다이얼로그 → [첨부물 선택] → "작업 윈도우"에서 [11 Motor] 강체 바디를 선택 → [기준 선택] → "작업 윈도우"에서 [01 BasePlate] 강체 바디를 선택 → [이름]을 "05 FJ_Motor-BasePlate"로 정의 → [확인]

07. MCD [리소스 바] → [물리 탐색기] → [조인트 및 구속 조건]에서 5개의 [고정 조인트]가 생성되었는지 확인 (※ FJ: Fixed Joint)

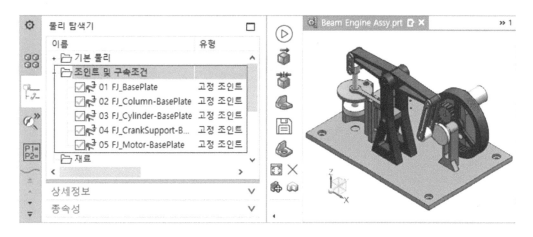

2.6.5 힌지 조인트 설정

01. [리소스 바] → [물리 탐색기] → [조인트 및 구속 조건]을 선택하고, 마우스 오른쪽 버튼 (MB3)를 클릭 → [물리 생성] → [힌지] 클릭

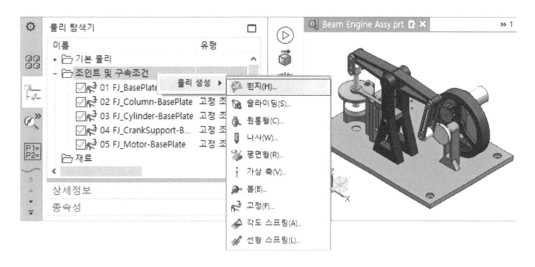

02. [힌지 조인트] 다이얼로그 → [첨부물 선택] → "작업 윈도우"에서 [03 Lever] 강체 바디를
선택 → [기준 선택] → "작업 윈도우"에서 [02 Column] 강체 바디를 선택 → [축 벡터
지정] Y 축 선택 → [고정점 지정]에서 [점] 다이얼로그 클릭 → [03.에서 설명] → [이름]을
"06 RJ_Lever-Column"으로 정의 → [확인]

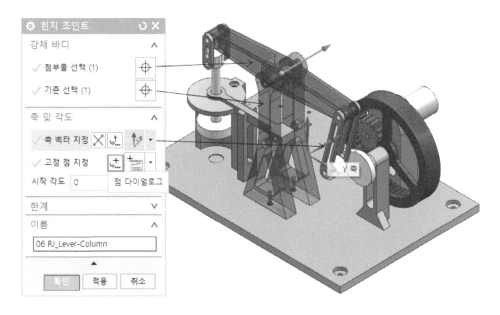

03. [점] 다이얼로그 → [점유형] 옵션 → [2점 사이] → [점 1 지정]에서 [원호] 선택 → [02
Column] 개체의 원호 모서리 클릭 → [점 2 지정]에서 [원호] 선택 → [02 Column] 반대
편 개체의 원호 모서리 클릭 → [점 사이 위치/ % 위치: 50] → [확인]

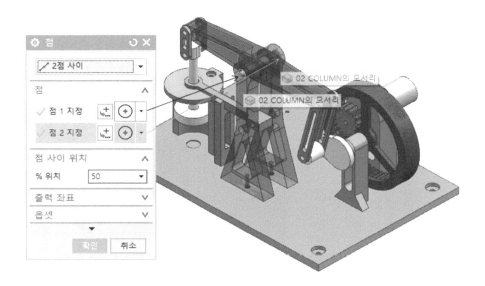

04. [힌지 조인트] 다이얼로그 → [첨부물 선택] → "작업 윈도우"에서 [04 PistonRod] 강체 바디 선택 → [기준 선택] → "작업 윈도우"에서 [03 Lever] 강체 바디 선택 → [축 벡터 지정] Y 축 선택 → [고정점 지정]에서 [점] 다이얼로그 클릭 → [점] 다이얼로그 → [점유형] 옵션 → [2점 사이] → [점 1 지정]에서 [원호] 선택 → [09 Piston Rod] 개체의 원호 모서리 클릭 → [점 2 지정]에서 [원호] 선택 → [09 Piston Rod] 반대편 개체의 원호 모서리 클릭 → [확인] → [이름]을 "07 RJ_PistonRod-Lever"로 정의 → [확인]

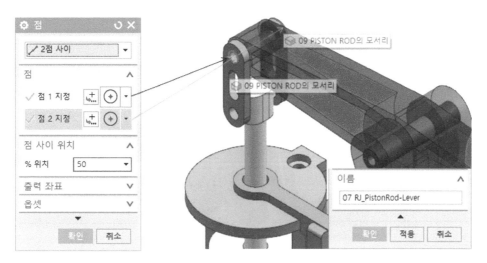

05. [힌지 조인트] 다이얼로그 → [첨부물 선택] → "작업 윈도우"에서 [05 Piston] 강체 바디 선택 → [기준 선택] → "작업 윈도우"에서 [04 PistonRod] 강체 바디 선택 → [축 벡터 지정] Y 축 선택 → [고정점 지정]에서 [점] 다이얼로그 클릭 → [점] 다이얼로그 → [점유형] 옵션 → [2점 사이] → [점 1 지정]에서 [원호] 선택 → [09 Piston Rod] 개체의 원호 모서리 클릭 → [점 2 지정]에서 [원호] 선택 → [09 Piston Rod] 반대편 개체의 원호 모서리 클릭 → [확인] → [이름] "08 RJ_Piston-PistonRod"로 정의 → [확인]

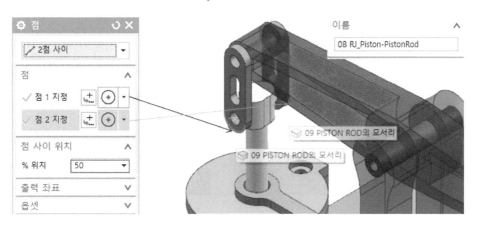

06. [힌지 조인트] 다이얼로그 → [첨부물 선택] → "작업 윈도우"에서 [07 CrankRod] 강체 바디 선택 → [기준 선택] → "작업 윈도우"에서 [03 Lever] 강체 바디 선택 → [축 벡터 지정] Y 축 선택 → [고정점 지정]에서 [점] 다이얼로그 클릭 → [점] 다이얼로그 → [점유형] 옵션 → [2점 사이] 선택 → [점 1 지정]에서 [원호] 선택 → [13 Crank Rod] 개체의 원호 모서리 클릭 → [점 2 지정]에서 [원호] 선택 → [09 Piston Rod] 반대편 개체의 원호 모서리 클릭 → [확인] → [이름] "09 RJ_CrankRod-Lever"로 정의 → [확인]

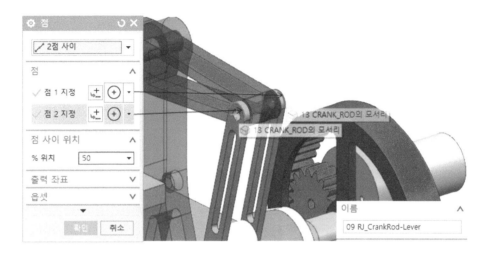

07. [힌지 조인트] 다이얼로그 → [첨부물 선택] → "작업 윈도우"에서 [09 DrivenGear] 강체 바디 선택 → [기준 선택] → "작업 윈도우"에서 [07 CrankRod] 강체 바디 선택 → [축 벡터 지정]에서 Y 축 선택 → [고정점 지정]에서 [원호] 선택 → [12 Crank] 개체의 원호 모서리 클릭 → [이름] "10 RJ_DrivenGear-CrankRod"로 정의 → [확인]

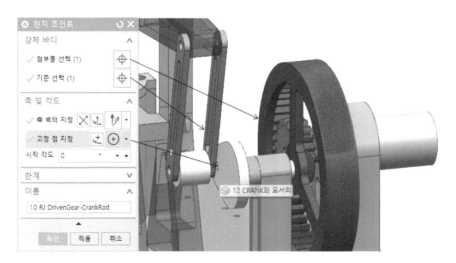

08. [힌지 조인트] 다이얼로그 → [첨부물 선택] → "작업 윈도우"에서 [09 DrivenGear] 강체 바디 선택 → [기준 선택] → "작업 윈도우"에서 [08 CrankSupport] 강체 바디 선택 → [축 벡터 지정]에서 Y 축 선택 → [고정점 지정]에서 [원호] 선택 → [14 Crank Roller] 개체의 원호 모서리 클릭 → [이름] "11 RJ_DrivenGear-CrankSupport"로 정의 → [확인]

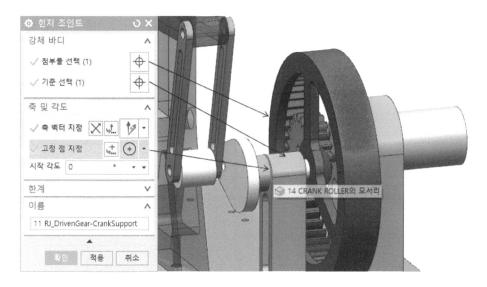

09. [힌지 조인트] 다이얼로그 → [첨부물 선택] → "작업 윈도우"에서 [10 DriverGear] 강체 바디 선택 → [기준 선택] → "작업 윈도우"에서 [11 Motor] 강체 바디 선택 → [축 벡터 지정]에서 Y 축 선택 → [고정점 지정]에서 [원호] 선택 → [18 Driver Gear] 개체의 원호 모서리 클릭 → [이름] "12 RJ_DrivenGear-Motor"로 정의 → [확인]

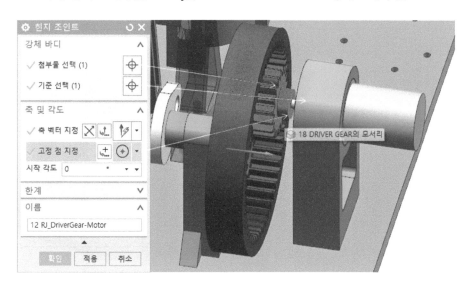

2.6.6 슬라이딩 조인트 설정

01. [리소스 바] → [물리 탐색기] → [조인트 및 구속 조건]을 선택하고, 마우스 오른쪽 버튼 (MB3)를 클릭 → [물리 생성] → [슬라이딩] 클릭

02. [슬라이딩 조인트] 다이얼로그 → [첨부물 선택] → "작업 윈도우"에서 [05 Piston] 강체 바디 선택 → [기준 선택] → "작업 윈도우"에서 [06 Cylinder] 강체 바디 선택 → [축 벡터 지정]에서 [추정 벡터] 선택 → [08 Piston Shaft] 개체의 원통면 클릭 → [이름] "13 TJ_Piston-Cylinder"로 정의 → [확인]

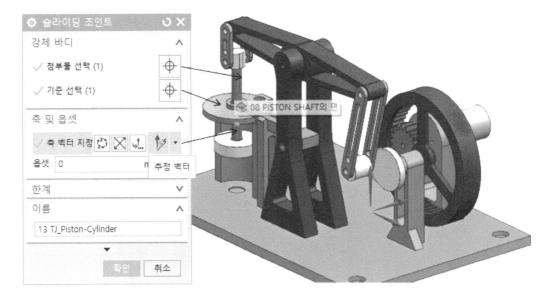

03. MCD [리소스 바] → [물리 탐색기] → [조인트 및 구속 조건]에서 7개의 [힌지 조인트]와 1개의 [슬라이딩 조인트]가 생성되었는지 확인 (※ RJ: Revolution Joint이고, TJ: Translation Joint)

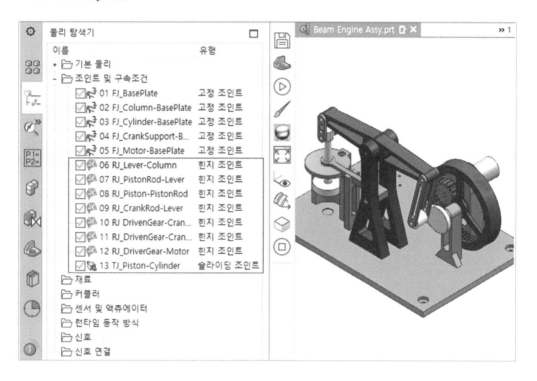

2.6.7 기어 설정

01. [리소스 바] → [물리 탐색기] → [커플러]를 선택하고, 마우스 오른쪽 버튼 (MB3)를 클릭 → [물리 생성] → [기어] 클릭

02. [기어] 다이얼로그 → [마스터 선택] → "작업 윈도우"에서 [12 RJ_DriverGear- Motor] 힌지 조인트 선택 → [종속 선택] → "작업 윈도우"에서 [11 RJ_ DrivenGear-CrankSupport] 힌지 조인트 선택 → [구속 조건]에서 [다중 마스터: 54, 다중 종속: 18] 입력 → [이름] "InternalGear"로 정의 → [확인]

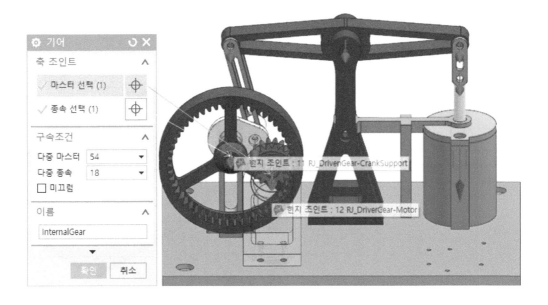

2.6.8 충돌 센서 설정

01. 충돌 센서를 설정하기 전에 충돌 센서로 활용한 지오메트리를 먼저 생성한다. 리본 메뉴에서 [어셈블리] 메뉴를 선택한다. [일반] 그룹 → [WAVE 지오메트리 연결기] 클릭

02. [WAVE 지오메트리 연결기] 다이얼로그 → [면] 선택 → [면 옵션/면 체인] 선택 → [면 선택] → "작업 윈도우"에서 그림에 표시된 파란색 원을 선택 → [확인]

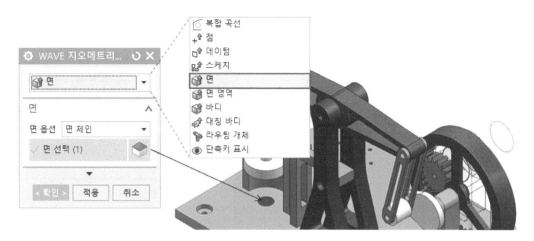

03. 리본 메뉴에서 [곡선] 메뉴를 선택한다. [곡선] 그룹 → [선] 클릭

04. [행] 다이얼로그 → 시작에 [시작 옵션: 점] 선택 → [점 선택] 클릭 → "작업 윈도우"에서
    그림에 표시된 [파란색 원의 중심점] 클릭 → 끝에서 [끝 옵션: ZC축 방향] 선택 → 지지
    평면에서 [평면 옵션: 자동 평면] → 한계에서 [시작 한계: 점에서/거리: 0 mm/끝 한계:
    값/거리: 10 mm] → 설정값에서 [연관 활성화] → [확인]

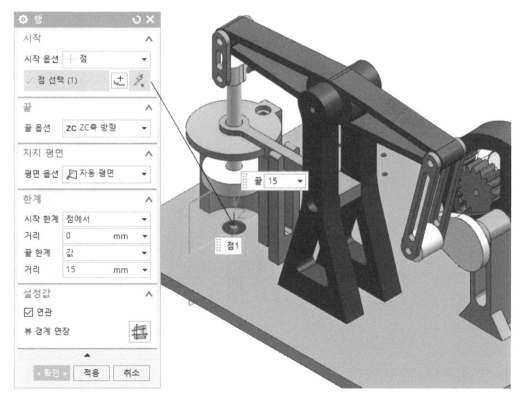

05. [리소스 바] → [물리 탐색기] → [센서 및 액추에이터]를 선택하고, 마우스 오른쪽 버튼
    (MB3)를 클릭 → [물리 생성] → [충돌 센서] 클릭

06. [충돌 센서] 다이얼로그 → [개체 선택] → "작업 윈도우"에서 [선] 행(1) 선택 → [충돌 형
    상: 원통] 선택 → [형상 특성: 자동] 선택 → [이름] "01 LimitSwitch"로 정의 → [확인]

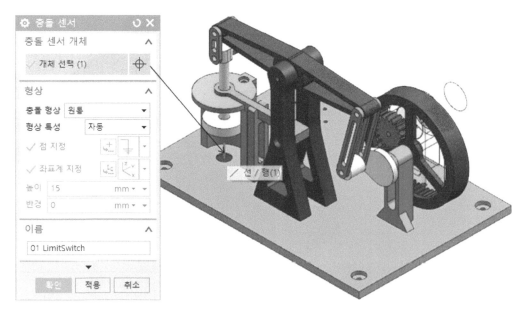

2.6.9 속도 제어 설정

01. [리소스 바] → [물리 탐색기] → [센서 및 액추에이터]를 선택하고, 마우스 오른쪽 버튼 (MB3)를 클릭 → [물리 생성] → [속도 제어] 클릭

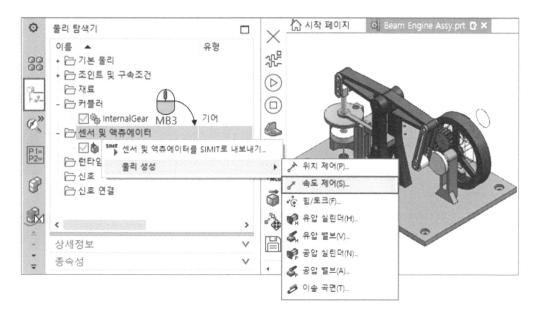

02. [속도 제어] 다이얼로그 → [개체 선택] → "작업 윈도우"에서 힌지 조인트 [12 RJ_DriverGear-Motor] 선택 → 구속 조건에서 [속도: 162 rev/min] 입력 → [이름] "01 MotorRpm"으로 정의 → [확인]

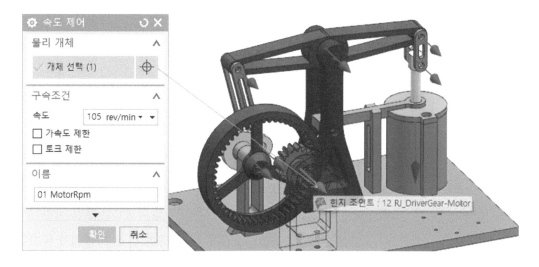

2.6.10 설계 검증

설계 목표는 "DC 모터의 회전수가 162rpm일 때, 빔-엔진 장치의 피스톤이 분당 54회 수직 왕복운동을 하도록 제작"하는 것이다. 이러한 목표를 달성하기 위해 원동기어와 종동기어에 관련된 세부 설계 항목들과 그 치수들을 [표 2-2]와 [표 2-3]에 나타내었다. 그리고 나머지 빔-엔진 장치의 구성 부품들에 대한 설계 치수를 [표 2-4]와 같이 결정하였다.

이처럼 정의된 빔-엔진 장치에 대한 설계 타당성을 검토하기 위해 실제 현실 물리 세계의 시제품을 제작하여 시험으로부터 검증하기에 앞서, 가상의 디지털 공간에서 메카트로닉스 시뮬레이션으로 목표 성능을 평가함으로써 자동화 시스템의 개발에 투입되는 시간과 비용을 획기적으로 줄일 수 있을 것이다.

빔-엔진 장치의 목표 성능 검증을 위한 메카트로닉스 시뮬레이션은 수식 블록(Expression Block)을 사용하여 "빔-엔진 장치를 1분 동안 구동시켜 피스톤이 몇 번 수직 왕복운동을 했는가?"에 관한 런타임 동작(Runtime behavior)을 관리함으로써 검증할 수 있다.

이러한 빔-엔진 장치의 런타임 동작을 제어하기 위해
① [충돌 센서]의 On/Off 값을 입력으로 정의한다.
② 모터의 [속도 제어] 값인 회전 각속도를 출력으로 정의한다.
③ 그리고 [상태] 변숫값으로 구동 시간이 60초에 도달했는지의 여부 확인과 충돌 센서가 감지한 수직 왕복운동의 총횟수로 정의한다.
④ 이렇게 정의된 [수식 블록]을 활용하여 60초가 경과되면 자동으로 빔-엔진 장치가 정지되고, [충돌 센서]가 감지한 반복 횟수를 확인할 수 있도록 설정한다.

※ 빔-엔진 장치의 런타임 동작을 제어하기 위한 해석 절차는 다음과 같다.

01. 리본 메뉴의 [홈] 탭 → [시뮬레이션] 그룹 → [재생] 버튼 클릭 → 빔-엔진 장치의 동작 상태를 확인한다. 구동 확인이 완료되며, [정지] 버튼 클릭하여 빔-엔진 장치의 동작 상태를 정지시킨다.

02. 다음으로 [리소스 바] → [물리 탐색기] → [런타임 동작 방식]을 선택하고 마우스 오른쪽
버튼을 클릭 → [물리 생성] → [수식 블록]을 클릭한다.

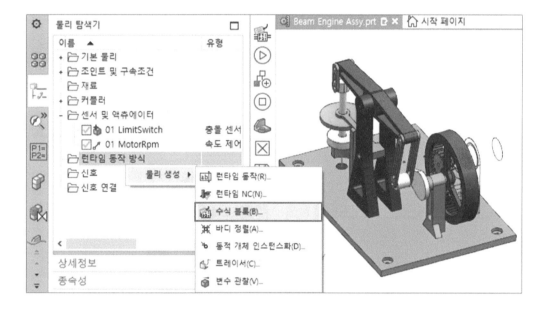

03. [수식 블록] 다이얼로그 → ① [입력값] → ② [새 입력] 클릭 → ③ [이름]을 클릭하고 이
름을 "C_Detected"(Collision_Detected)로 정의 → ④ [데이터 유형]을 클릭하고 [부울]
로 선택 → ⑤ [초기 값]을 클릭하고 [false]로 선택 → [연결]에서 ⑥ [물리 개체 선택] 클
릭 → [작업 윈도우]에서 [충돌 센서] "01 LimitSwitch"를 마우스로 클릭하여 선택 → ⑦
[트리거 됨]을 확인 → ⑧ [☑️ 선택한 입·출력을 런타임 매개변수에 연결] 클릭 → ⑨
[개체이름: 01 LimitSwtich/ 개체 유형: 충돌 센서/ 매개변수: 트리거 됨]을 확인
⇒ [충돌 센서] "01 LimitSwitch"을 입력값으로 정의하였다.

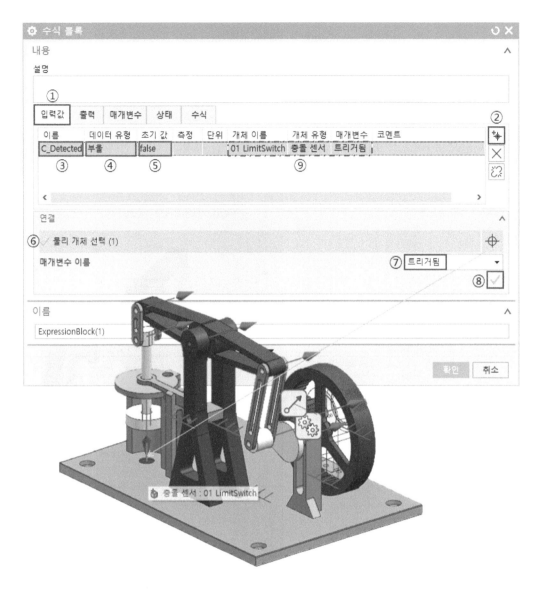

04. ① [출력] → ② [새 출력] 클릭 → ③ [이름]을 클릭하고 이름을 "M_RPM"(Motor_
RPM)로 정의 → ④ [데이터 유형]을 클릭하고 [Double형]으로 선택 → ⑤ [초기 값]을
클릭하고 [0.0]으로 입력 → ⑥ [측정]을 클릭하고 [각속도]를 선택 → ⑦ [단위]를 클릭하
고 [°/s]로 설정 → [연결]에서 ⑧ [물리 개체 선택]을 클릭 → [작업 윈도우]에서 [속도
제어] "01 MotorRpm"을 마우스로 클릭하여 선택 → ⑨ [속도]를 확인 → ⑩ [☑ 선택
한 입·출력을 런타임 매개변수에 연결] 클릭 → ⑪ [개체이름: 01 MotorRpm/개체 유형:
속도 제어/매개변수: 속도]를 확인

⇒ [속도 제어] "01 MotorRpm"의 모터 회전 각속도 값을 출력으로 정의하였다.

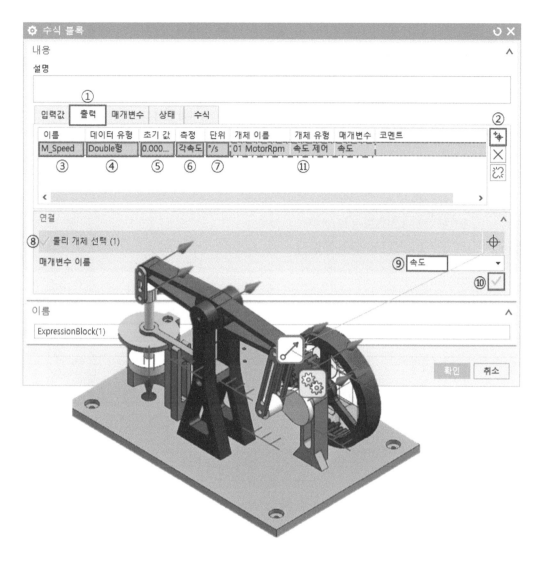

05. ① [매개변수] → ② [새 매개변수] 클릭 → ③ [이름]을 클릭하고 이름을 "PS_Edge" (Positive Signal_Edge)]로 입력 → ④ [데이터 유형]을 클릭하고 [Double형]으로 선택 → ⑤ [초기 값]을 클릭하고 [0.0]으로 입력 → ⑥ [측정]을 클릭하고 [시간]을 선택 → ⑦ [단위]를 클릭하고 [s]로 설정

⇒ [충돌 센서]가 피스톤의 반복 횟수를 카운트하기 위해서는 센서가 On(True) 상태인지 Off(fault) 상태인지를 스캔(Scan)하여야 한다. On 상태를 "1"로 하고 Off 상태를 "0"으로 가정할 때, "1"에서 "0"으로 바뀌는 순간을 카운트하거나 "0"에서 "1"로 바뀌는 과정을 카운트한다면 빔-엔진 장치의 수직 왕복운동 횟수를 계측할 수 있을 것이다. 따라서 본 교과에서는 빔-엔지 장치에 대한 메카트로닉스 시뮬레이션 과정에서 0.002초

동안에 [충돌 센서]의 신호가 Off 상태에서 On 상태로 변경되었는지를 계측하여 수직 왕복운동의 반복 횟수를 감지하고자 한다. 즉 0에서 1로 바뀌는 "Positive Signal Edge"에 대한 스캔 과정을 통해 반복 횟수를 카운트하고자 한다. 이렇게 [충돌 센서]를 활용하기 위해 "PS_Edge"라는 [매개변수]를 정의하였다.

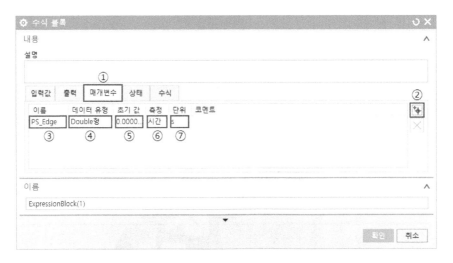

06. ① [상태] → ② [새 상태] 클릭 → ③ [이름]을 클릭하고 이름을 "Counter"로 입력 → ④ [데이터 유형]을 클릭하고 [정수]를 선택 → ⑤ [초기 값]을 클릭하고 [0]을 입력 → ⑥ [새 상태] 클릭 → ⑦ [이름]을 클릭하고 "Threshold"로 입력 → ⑧ [데이터 유형]을 클릭하고 [부울]로 선택 → ⑨ [초기 값]을 클릭하고 [false]를 선택

⇒ 피스톤의 왕복운동 횟수를 "Counter"라는 상태값에 저장하도록 정의하였다.

⇒ 빔-엔진 장치가 구동을 시작한 후, 1분이 경과되면 자동으로 정지할 수 있도록 "Threshold"라는 상태값에 경과 시간을 저장하도록 정의하였다.

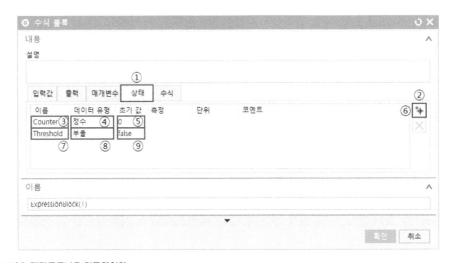

07. ① [수식]을 클릭한다.

② [Threshold]를 선택하고, 다음의 [수식]을 입력한다.

→ If (sim_elapsed_time( ))=60) Then (true) Else (false)

여기서 sim_elapsed_time( )은 시뮬레이션의 경과 시간을 의미한다.

③ [M_Speed]를 선택하고, 다음의 [수식]을 입력한다.

→ If (Threshold=true) Then (0) Else (360/60*162)

④ [PS_Edge]를 선택하고, 다음의 [수식]을 입력한다.

→ If (C_Detected=true) Then (PS_Edge+sim_step_time( )) Else (0)

여기서 sim_step_time( )은 [충돌 센서]가 피스톤을 감지한 이후부터의 시뮬레이션의 경과 시간을 나타낸다.

⑤ [Counter]를 선택하고, 다음의 [수식]을 입력한다.

→ If (PS_Edge)0 && PS_Edge<0.002) Then (Counter+1) Else (Counter)

⑥ [확인]을 클릭한다.

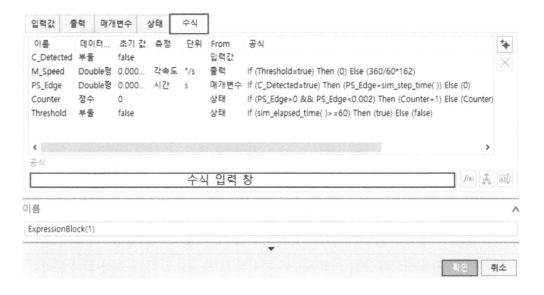

08. 다음으로 [리소스 바] → [물리 탐색기] → [런타임 동작 방식] → [Expression Block(1)] 을 선택하고 마우스 오른쪽 버튼을 클릭 → [검사기에 추가] 선택

09. [리소스 바] → [런타임 검사기] → 리본 메뉴의 [홈] 탭 → [시뮬레이션] 그룹 → [재생] 버튼 클릭

⇒ 빔-엔진 장치가 구동되면서 [충돌 센서]에 피스톤의 수직 왕복운동이 감지되어 Counter가 1씩 증가하는 것을 확인할 수 있다. 시뮬레이션 경과 시간이 60초에 이르면 빔-엔진 장치의 모터 회전 속도와 관련된 M_Speed 값이 0[°/s]이 되어 동작이 멈추게 되고, 그때 Counter에 감지된 수직 왕복운동의 반복 횟수는 54회가 됨을 확인할 수 있다.

⇒ 시뮬레이션 결과

본 교재에서의 빔-엔진 장치에 대한 설계 목표치는 "DC 모터의 회전수가 162rpm (또는 972[°/s]일 때, 피스톤이 분당 54회 수직 왕복운동을 하도록 설계하는 것"이었다. 가상의 디지털 공간에서 메카트로닉스 시뮬레이션을 시행한 결과, 빔-엔진 장치는 요구 성능에 부합한 동작 특성을 보임에 따라 각 구성 부품에 대한 기구 설계는 타당한 것으로 평가되었다.

2.6.11 공압 실린더 동작 제어

공압 실린더와 리밋 스위치에 관한 3D CAD 모델을 제조사의 웹사이트로부터 내려받아 빔-엔진의 어셈블리 모델에 추가하고, 빔-엔진 장치의 피스톤이 왕복운동을 하는 것과 동일한 주기로 피스톤이 하강할 때 공압 실린더가 전진하고, 상승 시에 후진 동작이 구현될 수 있도록 자동화 제어 시스템을 구성하여 메카트로닉스 시뮬레이션으로 검증하는 과정을 설명한다.

01. [기본 물리 정의] → [강체 바디] 클릭 → [강체 바디] 다이얼로그 → [개체 선택] → "작업 윈도우"에서 실린더 튜브와 L자 푸트 금구 및 취부용 너트를 선택 → [질량 특성]을 [자동]으로 설정 → [이름]을 "CYL Tube"로 정의 → [확인]

02. [기본 물리 정의] → [강체 바디] 다이얼로그 → [개체 선택] → "작업 윈도우"에서 피스톤 로드와 로드 선단 너트를 선택 → [질량 특성]을 [자동]으로 설정 → [이름]을 "CYL Piston"으로 정의 → [확인]

03. [기본 물리 정의] → [충돌 바디] 다이얼로그 → [개체 선택] → "작업 윈도우"에서 로드 선단 너트를 선택 → [충돌 형상]을 [원통]으로 설정 → [형상 특성]은 [자동]으로 설정 → [충돌 설정]에서 [충돌 시 강조 표시]를 활성화 → [이름]을 "Nut"로 정의 → [확인]

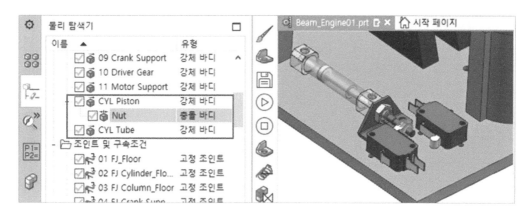

04. [조인트 및 구속 조건 정의] → [고정 조인트] 다이얼로그 → [첨부물 선택] → "작업 윈도우"에서 [CYL Tube] 강체 바디를 선택 → [기준 선택] → "작업 윈도우"에서 [01 BasePlate] 강체 바디를 선택 → [이름]을 "14 FJ_CYLTube-BasePlate"로 정의 → [확인]

05. [조인트 및 구속 조건 정의] → [슬라이딩 조인트] 다이얼로그 → [첨부물 선택] → "작업 윈도우"에서 [CYL Piston] 강체 바디 선택 → [기준 선택] → "작업 윈도우"에서 [CYL Tube] 강체 바디 선택 → [축 벡터 지정]에서 [추정 벡터] 선택 → [CYL Tube] 개체의 원통면 클릭 → [이름] "15 TJ_CYLPiston-CYLTube"로 정의 → [확인]

06. [어셈블리] 메뉴 → [WAVE 지오메트리 연결기] 다이얼로그 → [면] 선택 → [면 옵션/ 면 체인] 선택 → "작업 윈도우"에서 그림에 표시된 빨간색 LIMITSWITCH의 ① 면을 선택 → [확인] → 동일한 작업을 한 번 더 수행하여 ② 면을 정의

 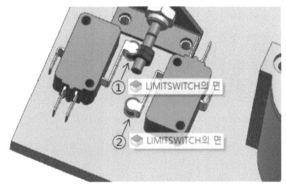

07. [센서 및 액추에이터 정의] → [충돌 센서] 다이얼로그 → [개체 선택] → "작업 윈도우"에서 시트 바디/연결된 면(2)를 선택 → [충돌 형상: 원통] 선택 → [형상 특성: 자동] 선택 → [이름] "LS01"로 정의 → [확인] → 동일한 작업을 한 번 더 수행하여 "작업 윈도우"에서 시트 바디/연결된 면(3)을 "LS02"로 정의

08. [센서 및 액추에이터 정의] → [공압 실린더] 다이얼로그 → [개체 선택] → "작업 윈도우"에서 "15 TJ CYLPiston-CYLTube" 선택 → [압력실 A: 6 bars/ 압력실 B: 5 bars] → [피스톤 로드 유형: 단일 막대] → [피스톤 직경: 10 mm] → [피스톤 로드 직경: 4 mm] → [부피 확장 A: 0.5 mm] → [부피 확장 B: 0.5 mm] → [최대 피스톤 스트로크: 20 mm] → [이름: "PneumaticCylinder"] → [확인]

09. [센서 및 액추에이터 정의] → [공압 밸브 다이얼로그] → [개체 선택] → "작업 윈도우"에서 "PneumaticCylinder" 선택 → [밸브 유형: 4방향] → [공급 압력: 15 bars] → [배출 압

력: 6 bars] → [공칭 압력: 1 bars] → [공칭 흐름: 0.03 g/mm] → [입력 제어: 0] → [이름: "PneumaticValve"] → [확인]

10. [오퍼레이션 정의] → [오퍼레이션] 다이얼로그 → [개체 선택] → "작업 윈도우"에서 "속도 제어: 01 MotorRPM" 선택 → [시간: 1s] → [런타임 매개변수]에서 [속도] 체크 박스 ☑ 클릭 [속도:= 162 rev/min] 입력 → [이름: "01 M_Speed"] → [확인]

11. [오퍼레이션 정의] → [오퍼레이션] 다이얼로그 → [개체 선택] → "작업 윈도우"에서 "공압 밸브: PneumaticValve" 선택 → [시간: 1s] → [런타임 매개변수]에서 [입력 제어] 체크 박스 ☑ 클릭 [입력 제어:= -1] 입력 → [조건 개체 선택] → "작업 윈도우"에서 "충돌 센서: 01 LimitSwitch" 선택 → [조건: If/개체: 01 LimitSwitch/매개변수: 트리거됨/연산자: ==/ 값: true] → [이름: "02 P_Valve"] → [확인]

12. [오퍼레이션 정의] → [오퍼레이션] 다이얼로그 → [개체 선택] → "작업 윈도우"에서 "공압 밸브: PneumaticValve" 선택 → [시간: 1s] → [런타임 매개변수]에서 [입력 제어] 체크 박스 ☑ 클릭 [입력제어:= 1] 입력 → [조건 개체 선택] → "작업 윈도우"에서 "충돌 센서: LS01" 선택 → [조건: If/개체: LS01/매개변수: 트리거됨/연산자: ==/값: true] → [이름: "03 P_Valve"] → [확인]

13. [오퍼레이션 정의] → [오퍼레이션] 다이얼로그 → [개체 선택] → "작업 윈도우"에서 "공압 밸브: PneumaticValve" 선택 → [시간: 1s] → [런타임 매개변수]에서 [입력 제어] 체크 박스 클릭 [입력제어:= 1] 입력 → [조건 개체 선택] → "작업 윈도우"에서 "충돌 센서: LS01" 선택 → [조건: If/개체: LS01/ 매개변수: 트리거됨/연산자: ==/값: true] → [이름: "03 P_Valve"] → [확인]

14. [순서 편집기 확인]

[리소스 바] → [순서 편집기] 클릭

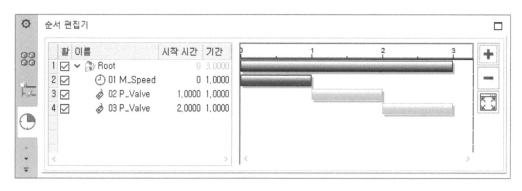

⇒ 파란색 막대는 빔-엔진 장치의 모터 회전속도로 시간의 흐름에 따라 차례대로 행해지는 [시간 기반 동작 제어]를 나타내며, 전적으로 시간 흐름에 따라 트리거되는 작업이다. 트리거를 위한 조건이 없음으로 시뮬레이션을 정지할 때까지 작업이 진행된다.

⇒ 그리고 두 번째 막대는 녹색으로 표시되어 있다. 이 작업은 이벤트 기반 작업으로 피스톤의 수직 왕복운동을 검출하는 "01 LimitSwitch"의 충돌 센서에 신호가 감지되면 (On 또는 true), 공압 실린더가 후진 동작을 할 수 있도록 공압 밸브의 방향을 제어하는 작업이다.

⇒ 세 번째 막대 또한 이벤트 기반 작업으로 공압 실린더가 후진 동작을 완료할 때에 "LS01"의 리밋스위치에 후진 동작 완료 신호가 감지되게 된다. 이처럼 "LS01"에 공압 실린더의 후진 동작 완료 신호가 감지되면, 복동 실린더에 공급되는 공압의 방향을 전환하여 전진 동작이 될 수 있도록 공압 밸브를 제어하는 작업이다.

15. [시뮬레이션 실행]

[홈 탭] → [시뮬레이션] 그룹 → [재생] 클릭

16. [자동화 제어 목표]

"빔-엔진 장치의 피스톤이 왕복운동을 하는 것과 동일한 주기로 피스톤이 하강할 때 공압 실린더가 전진하고, 상승 시에 후진 동작이 구현될 수 있도록 자동화 제어 시스템을 구성"하는 것이다.

⇒ 시뮬레이션 결과

[공압 밸브] 다이얼로그에서 [공칭 흐름] 값을 제어하는 것이 바로 유량 제어에 해당한다. 보통 유량 제어 밸브를 실린더 입구 측과 출구 측에 설치하여 흡입 유량 또는 토출 유량을 제어하여 실린더의 전진 속도와 후진 속도를 제어하는 것이 일반적이다. 따라서 [공칭 흐름] 값을 조절함으로써 빔-엔진 장치의 피스톤이 수직 왕복운동을 하는 사이클과 일치하도록 제어할 수 있다. 본 예제에서는 대략 [공칭 흐름] 값으로 0.15g/min의 질량 유량값을 사용하면 피스톤의 수직 왕복운동과 공압 실린더의 전·후진 동작이 동일한 사이클이 됨을 확인할 수 있다.

Chapter 04

시제품 제작

01 3D 프린터

1.1 3D 프린터 개요

가상의 사이버 공간에서 빔-엔진 장치에 대한 디지털 프로토타입의 제작 과정을 2장에서 소개하였고, 3장에서는 현실 물리 세계에서의 자동화 장치에 대한 제어 상태와 동일하게 모사한 메카트로닉스 시뮬레이션을 통해 빔-엔지 장치의 디지털 모의시험을 수행하는 과정을 설명하였다. 실제 물리 세계의 시제품 제작과 시험에 앞서, 이처럼 가상의 사이버 공간에서 빔-엔진 장치의 설계 검증을 위한 성능 평가 시뮬레이션으로부터 설계 목표치에 부합한 결과가 도출됨을 확인하였다.

이번 장에서는 설계 검증이 완료된 빔-엔진 장치의 3차원 CAD 모델을 활용하여, 3D 프린터로 각 구성 부품을 출력하고, 볼트와 너트 등의 체결 요소로 디지털 공간의 가상 시스템과 동일한 현실 물리 세계의 빔-엔진 장치를 조립하는 과정을 학습한다.

본 교과에서 빔-엔진 장치의 구성 부품들을 제작하기 위해 사용하는 3D 프린터는 3D CAD 모델을 활용으로 폴리머, 금속 등의 특정 물질을 적층 방식(Layerby-layer)으로 쌓아 올려 3차원의 입체물을 형상화하는 기술을 말하며 적층 제조(AM: Additive Manufacturing)라고도 한다. 작업 물체를 기계 가공 등을 통하여 재료를 자르거나 깎아 생산하는 절삭 가공과 대비되는 개념이다.

이러한 3D 프린팅은 제품을 생산하기 위해 절삭이나 금형 등의 제조 공정 없이 완성품을 만들어 넘으로써 별도의 생산설비가 요구되지 않는다. 따라서 기존 제조 산업에서 불가능했던 다품종 소량 생산이 가능하고, 생산 공정 자체가 줄어들어 비용 절감에 큰 도움이 될 수 있다.

또한, 기존의 공작기계 가공이나 사출 성형과 프레스 가공 등의 제조설비는 공구가 공작물을 깎거나 자를 수 있도록 작업 공간이 필요하고, 형체를 열어 성형품을 취출할 수 있도록 제품 형상을 결정하여야 한다는 설계 제약사항들이 존재한다.

반면에 3D 프린팅은 제품의 형상 설계에 제한이 거의 없다는 점이 큰 장점이지만, 3D 프린팅 장비와 소재의 가격 문제, 3D 프린팅의 제품 제작 속도, 제한된 크기 및 활용 범위의 한계 등이 해결되어야 할 과제로 남아 있다.

1.2 3D 프린팅 과정

3D 프린터를 활용한 부품 제작 과정은 다음과 같다.

1) 빔-엔진 장치에 대한 모든 구성 부품을 Siemens NX를 사용하여 3D 모델링을 한다.
2) NX에서 3D 모델링한 파일을 3D 프린트에서 사용되는 "STL" 파일 형식으로 다음 그림과 같이 변환한다.

[그림 4-1] Siemens NX에서 구성 부품을 STL 파일로 변환하기

⇒ STL 파일은 3차원 데이터를 표현하는 국제 표준 형식 중 하나로 "3D 시스템즈"가 개발한 CAD 소프트웨어 파일 포맷이다. STL은 3차원 형상의 곡면을 무수히 많은 삼각형의 집합으로 쪼개어서 각 꼭짓점의 위치 데이터를 저장하여 곡면을 표현한다. 따라서 삼각형의 분할수를 늘려 크기를 작게 할수록 실제 곡면과 유사한 고품질의 출력물을 얻을 수 있다.

3) 3D 프린터에 제작 지시를 내리기 위해서는 기계인 3D 프린터가 이해할 수 있는 G코드를 사용하여야 한다. G코드는 인간이 자동화 기계에게 작업 지시를 내리는 데 사용하는 수치 제어 프로그래밍 언어이다. 즉 STL 파일의 3차원 CAD 데이터를 3D 프린터에서 얇은 층으로 한 층 한 층 쌓아 올려 출력할 수 있도록 "슬라이싱(Slicing)"이라고 하는 G코드 변환 과정이 필요하다. G코드로 변환을 한다는 것은 G와 M으로 시작하는 노즐의 이동 혹은 장치의 동작을 지시하는 명령어를 작성하는 것을 의미한다. 3D 프린터가 얇은 층을 한 층 한 층 쌓아 올려 출력을 완성하기 위해서는 프린터 노즐의 이동과 관련된 명령어가 수천 혹은 수만 개 이상 될 것이다.

이러한 G코드를 사용자가 직접 작성한다는 것은 현실적으로 불가능하다. 따라서 STL 파일을 G코드로 자동으로 변환해 주는 슬라이싱 프로그램을 주로 사용한다. G코드 변환 프로그램은 다양하게 존재하지만, 본 교과에서는 가장 널리 사용되고 있는 무료 소프트웨어인 "Ultimaker Cura"를 활용한다. Cura를 실행한 다음, 첫 번째 단계로 환경설정 값을 변경하여야 한다.

① [환경 설정] → [일반] → [Language: 한국어]

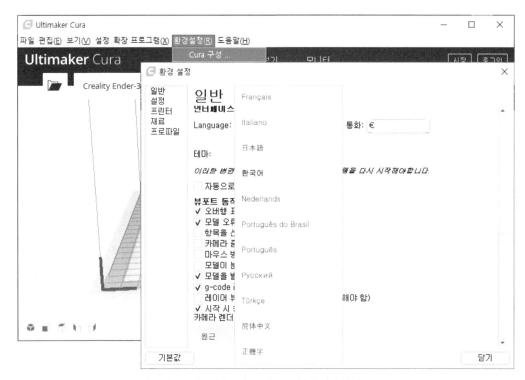

[그림 4-2] Ultimaker Cura 환경 설정하기

② 다음으로 프린터 기종을 설정하여야 한다. [환경 설정] → [프린터] → [프린터 추가]를 선택하여 사용 중인 3D 프린터 메이커와 그 기종을 선택하면 된다.

③ 다음은 [설정]으로 프린터 기종과 필라멘트 종류에 따라 적절한 값이 설정되어야 한다. 주요 설정 항목은 재료 부분의 프린팅 온도이다. 이는 필라멘트에 표기된 사용 온도를 반드시 참조하여 설정하여야 한다. 다음은 빌드 플레이트 부착 항목으로 고정 유형을 브림으로 설정한다. 다른 세팅은 기본값을 사용한다.

④ 환경 설정이 완료되면, 3D 프린트할 STL 파일을 불러온다.

⑤ STL 파일의 프린팅 위치, 크기 스케일, 프린팅 방향 등의 3D 프린팅 옵션을 적절히 조절하여 정상적인 규격대로 출력이 될 수 있도록 설정을 완료하고, 오른쪽 아래에 있는 [슬라이스] 버튼을 클릭하여 G코드를 생성한다.

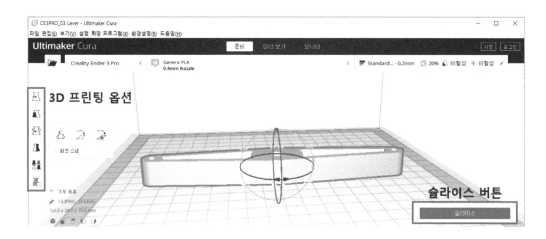

[그림 4-3] 3D 프린트 옵션 설정과 G코드 파일 생성하기

⑥ 프린팅 예상 완료 시간을 확인하고, 미리 보기를 눌러 프린팅에 문제점이 없는지를 확인한다. 프린팅 미리 보기에 이상이 없다면, [디스크에 저장] 버튼을 클릭하여 G코드 파일을 [sd카드]에 저장한다.

4) 3D 프린터에 G코드 파일이 저장된 SD카드를 삽입하고 구성 부품을 출력한다.

⇒ 3D 프린터의 불량 유형은 여러 가지가 있지만, 특히 베드(Bed)의 레벨링이 안 맞을 때 출력물의 안착 불량이 생기거나 압출 불량이 발생하는 경우가 많다. 대부분의 3D 프린터에는 베드의 위치를 조절하는 각각의 노브나 나사를 가진 조절 가능한 베드를 포함하고 있다. 따라서 프린팅 메이커에서 제공하는 매뉴얼을 참조하여 프린팅하기 전에 항상 베드 레벨링을 점검하도록 한다.

5) 출력된 구성 부품의 표면 처리 혹은 도장 작업 등의 후가공을 시행하여 부품 제작을 완료한다.

02 빔-엔진(Beam-Engine) 장치의 조립

3D 프린터로 출력한 빔-엔진 장치의 구성 부품들을 다음 그림에 나타내었다.

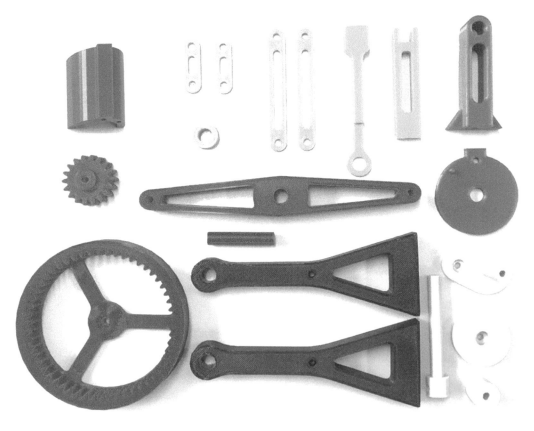

[그림 4-4] 3D 프린터로 출력한 빔-엔진 장치의 구성 부품

베이스 플레이트에 구성 부품을 고정하고, 구성 부품 간의 결합을 위한 체결용 기계요소로 육각 렌치볼트 M4-10mm를 사용한다. 그리고 부재 간에 회전운동이 가능하도록 힌지 연결이 필요한 회전 조인트 부분에는 육각 렌치볼트 M4-30mm와 와서 및 체결용 너트를 사용하여 회전축으로 구성한다. 또한, 시중에 판매되고 있는 다양한 종류의 DC 모터와 공압 실린더 및 리밋 스위치들 중에서 본 교과의 설계 목표치에 부합한 제품들을 선정하여 빔-엔진 장치의 부품으로 사용한다. 본 교과에서 예시로 사용된 구매품들을 다음 그림에 나타내었다.

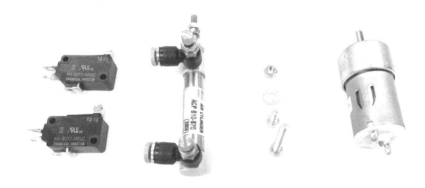

[그림 4-5] 체결용 볼트, 너트, 와서, DC 모터, 공압 실린더 및 리밋스위치

이처럼 3D 프린팅으로 출력한 구성 부품들과 구매품들을 설계 의도대로 체결하여 완성된 빔-엔진 장치의 조립도 사진과 디지털 3D 어셈블리 모델을 함께 도시하면 다음 그림과 같다.

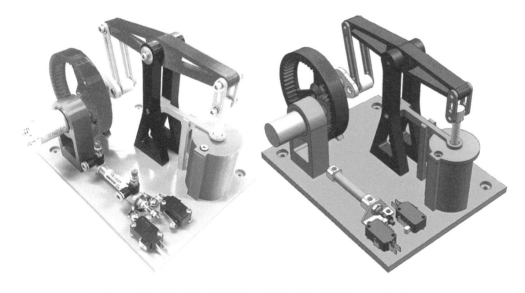

[그림 4-6] 현실 물리 세계의 장치 조립도와 가상공간의 3D 디지털 모델

참고문헌

[1] Markets and Markets, "Digital Twin Market by End User, and Geography - Forecast to 2023," Aug. 2017.

[2] T. Uhlemann, C. Lehmann & R. Steinhilper, "The Digital Twin," Realizing the Cyber-Physical Production System for Industry 4.0, The 24th CIRP Conference on Life Cycle Engineering, 335-340, 2017

[3] J. K. Kim, & C. S. Lee, "Angular Position Error Detection of Variable Reluctance Resolver using Simulation-based Approach," Int. J. Auto. Tech., Vol. 14, No. 4, pp. 651-658, 2013.

[4] J. K. Kim, & C. S. Lee, "Co-Simulation Approach for Analyzing Electric-Thermal Interaction Phenomena in Lithium-Ion Battery," IJPEM-GT, Vol. 2, No. 3, pp. 255-262, 2015.

[5] 김진광, "소형 크레인의 지능형 공유압 자동화 시스템과 동강성 평가를 위한 통합 시뮬레이션," 한국동력기계공학회지, 제22권, 제5호, pp. 69-75, 2018.

[6] E. Negri, L. Fumagalli & M. Macci, A Review of the Roles of Digital Twin in CPS-based Production Systems, FAIM2017, 939-948, 2017.

[7] M. S. Choi & D. Park, "A Study on the Architecture of CPS-based Advanced Process Control System, Korea Association of Information Systems, 2017 Fall Conference of the KAIS, pp. 212-217, 2017.

[8] G. Noh & D. Park, "A Study on Data Management System for Improving the Efficiency of Digital Twins, orea Association of Information Systems, 2017 Fall Conference of the KAIS, 202-205, 2017.

[9] Gartner, "Use the IoT Platform Reference Model to Plan Your IoT Business Solutions," 2016.

[10] GE, "iiot-platform, Predix," (www.ge.com)

[11] Dassault Systèmes, "3DEXPERIENCE® platform," (www.3ds.com)

[12] ANSYS, "Twin Builder," (www.ansys.com)

[13] Siemens, "PLM Software," (www.plm.automation.siemens.com)

[14] 김진광, 고해주, 박기범, "변형체-강체 다물체 해석을 이용한 초중량물 핸들링로봇의 평가," 한국정밀공학회지, 제27권, 4호, pp. 46-52, 2010.

[15] A. G. Erdman, G. N. Sandor, and S. Kota, "Mechanism Design (4th ed.)," Upper Sadd;e Rover, NJ: Prentice Hall, 2001.

[16] D. H. Myszka, "Machines & mechanisms (3rd ed.)." Upper Saddle River, NJ: Prentice Hall, 2005

[17] W. T. Chang, C. C. Lin, and L. I. Wu, "A NOTE ON GRASHOF'S THEOREM," J. Mar. Sci. & Tech., Vol. 13, No. 4, pp. 239-248, 2005.

[18] https://en.wikipedia.org/wiki/Chebychev%E2%80%93Gr%C3%BCbler%E2%80%93Kutzbach_criterion

[19] R.E. Ravalika, V. Dharani and N. Lavanya, "BEAM ENGINE POWERED PUNCHING MACHINE," IJMET, Volume 9, Issue 6, pp. 248-253, 2018.

[20] P. Lynwander, "Gear Drive Systems: Design and Application (1st ed.)," Marcel-Dekker, New York, 1983.

[21] "기어 기술자료 - 기어의 역할"(www.khkgears.co.jp/kr/gear_technology/pdf/3010gijutu_kr.pdf)

[22] Siemens PLM Software Inc: NX, (https://docs.plm.automation.siemens.com/tdoc/nx/1847/nx_help/#uid:index)

[23] J. K. Kim, & C. S. Lee, "Fatigue Lift Estimation of Injection Mold Core Using Simulation-based Approach," Int. J. Auto. Tech., Vol. 14, No. 5, pp. 723-729, 2013.

[24] S. R. Singiresu, "Mechanical Vibrations (2nd ed.)," Reading, MA: Addition-Wesley, 1990.

[25] K. V. Wong, A. Hernandez, "A Review of Additive Manufacturing," ISRN Mechanical Engineering, Vol 2012, Article ID 208769m 10 pages, 2012.

4차산업혁명시대

스마트팩토리 구현을 위한
디지털 트윈

PART I
NX-MCD를 활용한
가상 시스템과 시제품 제작

2022년	2월	10일	1판	1쇄	인 쇄
2022년	2월	25일	1판	1쇄	발 행

지 은 이 : 김　　　진　　　광

펴 낸 이 : 박　　　정　　　태

펴 낸 곳 : **광　　　문　　　각**

10881
파주시 파주출판문화도시 광인사길 161
광문각 B/D 4층
등　　록 : 1991. 5. 31 제12 - 484호
전 화(代): 031-955-8787
팩　　스 : 031-955-3730
E - m a i l : kwangmk7@hanmail.net
홈페이지 : www.kwangmoonkag.co.kr

ISBN : 978-89-7093-691-8 　　93560

값 : 23,000원

한국과학기술출판협회
Korean Science & Technology Publisher Association

저자와 협의하여 인지를 생략합니다.